科技创新热点辨析

KEJI CHUANGXIN REDIAN BIANXI

赵永新　著

人民出版社

目录

序

良药苦口

在科学研究上,批判性思维是取得重大突破的必要前提。取得成绩之后接踵而至的赞誉往往并不能达到鼓励科学家继续进取的目的;达到这一目的的,反而是建设性的批评意见和对事不对人的良性学术争论。这一点,本应是学术圈不可或缺的有机组成部分,但在国内却是稀缺品。

不仅学术研究的进取需要客观中立的批评意见,科研体制和文化建设,也要遵循同样的规律。这一点,在中国尤其适用!中华人民共和国成立七十年来尤其是改革开放四十多年来,与中国科技的快速发展相比,科技管理体制机制虽然不断更新,但依旧跟不上科技发展的步伐。更让人纠结的是科研文化,一些不健康的科研文化不仅很有市场,而且在改革和进步的挑战面前常常显示出令人瞠目结舌的适应性和强大的生命力。毫不夸张地说,这些不健康的科研文化就像顽固的恶性肿瘤,不仅会生长、还会转移,不仅对本单位和本研究领域产生了负面影响,而且还破坏了我国整体的科研氛

1

围，阻碍科技进步。因此，针对这些不健康科研文化的批判性意见和建议正是治愈恶性肿瘤的良药。

良药苦口利于病。有些治愈肿瘤的药物不仅令病人痛苦，还可能带来一些意外的副作用。但是，如果没有这些抗癌药物，整个机体就会遭受更大的损害。

赵永新是《人民日报》资深记者，也是一位认认真真研究科研文化痼疾的医生，他一直在努力开出一剂剂良药。过去十年，永新在《人民日报》发表评论一百多篇，他从中整理出 80 篇，以《科技创新热点辨析》为题出版一本小书。这些评论文章，多以批评性为主，尖锐地指出科技界一些似是而非的认识误区和错误做法；但又不止步于批评，更有价值的是建设性的意见和建议。

我初识永新是在九年前。当时，我回国时间不长，面对科技界显而易见的弊端总是忍不住要公开评论，因此得罪了不少人。2010年夏天，在北京大学生命科学学院的办公室，饶毅和我与永新长谈科技体制的弊端及可能的改革路径。因为是第一次见面，对永新的感觉很是不同，因为他不像是一位普通的媒体记者。他不是科学家，也没有长期在海外工作过，但他对一些问题的见解能切中要害；这样的谈话很是默契和愉悦，他的理解和我们表达的观点常常不谋而合。我们交往近 10 年，我与永新的友谊虽清淡却也历久弥新。所以这次他请我为本书做序，我欣然同意。

尽管赛先生进入中国已过百年，但国人对科学、对技术尤其是科学文化等方面存在诸多的认知误区，中国科研文化中的一些糟粕仍然在传播，给众多的年轻科技工作者甚至一批批海归学者带来负面影响。本书的 80 篇评论，对这些现象逐一抽丝剥茧，分析入木三分。仅仅浏览一遍标题，就能感受到当年科技界面临的重大挑战和体制机制性弊端，也能看出随着时间的变迁所取得的进步。

永新的评论语言犀利、观点鲜明、逻辑顺畅。他多年来遵守内心准则、坚守职业道德，持之以恒地撰写评论，虽仅仅是个人之力，但对我国科技文化的净化、对健康科研氛围的营造功不可没。作为一线科学家，我感谢永新多年来为中国科技界正本清源做出的不懈努力！本书不仅适合对科学和技术领域事务感兴趣的民众阅读，而且更适合制定和执行科技政策的政府官员参考。

2019 年 3 月 22 日

一、关于科学技术

近些年来，"尊重科技规律"被不断提及、强调。正如发展经济要尊重经济规律一样，发展科技事业当然要尊重科技规律。尊重科技规律的一个重要前提，是对什么是"科学"、什么是"技术"，以及两者的异同和内在联系，有个基本的认识。

然而，长期以来，我们把"科学"和"技术"混为一谈、视为一体。其实，科学是科学，技术是技术，两者既有联系又有区别，不能一概而论、等量齐观。

陈景润的成果怎么转化

近两年来，"科技成果转化"成为全社会关注的热词，对我国"科技成果转化率低"的批评之声也不绝于耳。

本来，科学（science）和技术（technology）并非是一回事，两者有联系也有区别。科学关注的是事物的本质、原理、规律，科学研究的首要目的是揭示自然界和人类自身的奥秘，改变、拓展人类对自然界及人类自身的认识；技术则主要是指建立在科学发现基础上的新方法、新发明，技术开发的主要目的是研制出新工艺、新设备、新材料、新品种、新产品等，以解决生产、生活中的实际难题。由此可见，不应把科学和技术混为一谈；强调尽快"转化"为现实生产力的，主要是指"技术成果"，而非"科学成果"。

也许有人会问：既然科学研究的"实际用处"不大，那我们干吗还要投入大量人力物力去做？

中国有句古话：无用之用乃为大用。科学研究成果虽然短期内难以转化为现实生产力、产生经济效益，但其作用和价值并不比技术开发小。一方面，科学研究所得出的新知识、新原理、新定律，是技术创新的源头和根基。自工业革命以来的所有重大技术创新、发明创造，无不依赖于科学研究创造的重大发现。如果没有电磁理论，就没有今天的电和无线通信；没有牛顿的万有引力定律，就没有今天的载人航天；没有巴斯德发现微生物，就不会有今天的疫苗；没有孟德尔发现遗传因子，就不会有袁隆平的杂交水稻。对一个国家的科技事业来说，科学研究相当于打地基，如果没有厚实的地基，就很难盖起坚固的高楼大厦。

另一方面，科学史上的每一次重大发现，不仅极大推动了技术的巨大进步，也对改变人类的认识和哲学、文学、艺术的繁荣产生了深远的影响。比如，哥白尼的日心说颠覆了"地球是宇宙中心"的错误认识，达尔文的进化论推翻了"神创论"；细胞学说的建立不仅推动了生物学的发展，也为唯物辩证法提供了重要的科学依据。

与此同时，科学研究还孕育了追求真理、不畏艰险、独立思考、理性质疑的科学精神。而是否具备科学精神，不仅事关科学自身的发展，还关乎一个国家的健康发展。试想，如果我国的大多数公民具备求真、理性、独立思考的科学精神，张悟本、李一、王林等"大师"的闹剧和妖魔化转基因等怪事就很难发生。

退一万步讲，即使那些几十年之后仍难以"转化"的科学研究成果，也并非"百无一用"。就说陈景润先生证明的"1+1"陈氏定理吧，他所证明的"任何一个足够大的偶数都可以表示成一个素数和一个半素数的和"，把"1+2"的哥德巴赫猜想向前推进了一大步。时至今日，许多人还很难理解"1+1"到底是怎么回事，但谁又能因此而否认陈先生在世界数学史上的卓越贡献和在我国所引发的科学热情呢？

　　由于历史和体制机制等原因，目前我国科技成果转化的效率还比较低。在这种大背景下，强调"转化"无可厚非。但需要澄清的是，科学和技术并不是一回事，"转化"并不是科学研究的唯一价值，也不是所有的科学成果都能转化为现实生产力。如果要求所有科学成果都要"转化"、把能否"转化"当作评判研发活动的唯一标准，不仅不切合实际，也容易抹杀科学研究的多元价值，甚至会把我国的科学技术事业引入功利主义的歧途，催生种种短视行为。这就好比读书，强调"学以致用"没有错，但如果一味强调"学以致用"，把"有用"当作读书的唯一追求，那就大错特错、贻害无穷了。

（2016 年 2 月 1 日）

科学研究与盖大楼

看了这个题目，你也许觉得好笑：科学研究属于智力劳动，盖大楼基本上是体力活儿——两者本来就不是一回事，这么简单的道理谁不懂？

和许多读者朋友一样，笔者原以为对科学研究很了解，但后来因为工作关系，接触的科研人员越来越多、聊得越来越深，才逐渐意识到：自己对科学研究的理解太肤浅了。

就拿科学研究的特点来说，除了难度大、周期长，还有一个容易被人忽视的，那就是不确定性，或者说不可预见性。

由于对未知世界的探索缺少经验可循，所以科学研究存在很多未知数，包括难题能不能突破、怎么突破、何时突破等，都很难提前预计。相应的，某项研究需要做哪些实验、用什么试剂、买多少耗材，科学家很难做出精确的预算，只能有一个大致的估算。

盖大楼则完全不同，施工者可以根据之前的经验，列出详细的物料采购单和进度时间表。买多少水泥、用多少钢筋，以及多长时间打好地基、什么时候封顶，都可以按照计划一步步往前推进。大楼的业主和监理者，也可以按照既定的时间节点，进行检查、督促、验收。

让科学家深感困惑的是，长期以来，有关部门在科研管理上采取的思路和做法，"怎么看怎么像盖大楼"。除了要填写发表多少论文等科研目标，项目申请者还要填写非常详尽的"经费预算表"。据介绍，经费预算包括设备费、材料费、测试化验加工费、差旅费、会议费、国际合作与交流费等10多个类别，每一个类别都要"精准预算"。比如"差旅费"一栏，必须填写调研次数、人数、目的地和每次调研所需经费数额，等等。

更让科学家难以理解的是，有关部门和单位在进行事中经费监督和财务检查、事后财务验收和审计时，要求项目负责人必须严格按照批准的经费支出预算使用资助经费，否则就属于违规；项目结题报账时，必须按照当初的"经费预算表"一笔一笔对账，对不上的就有"违规"之嫌。

据了解，每年申请项目时，研究人员都要像训练有素的会计那样，充分发挥想象力，绞尽脑汁、精打细算，想方设法把表格填满，力求经费预算"准确无误"。在这上面花的时间和精力之多，科研人员都觉得心疼。

即便如此，由于科学研究的不确定性，用"买醋"的钱打"酱油"的情形还是经常发生。为应付对账，一些科研人员只好通过"做假账"规避风险。

科研人员认为，这种科研经费的预算、管理办法，完全是按照盖大楼的思路设计的，与科学研究的实际情况严重不符。这种做法不仅浪费了他们的时间和精力，不利于科研的正常进展，而且还在很大程度上加剧了经费的"违规"风险。

近些年，我们经常听到"尊重科学规律""按科研规律办事"的说法。这无疑是一个很大的进步，但实践说明，要想真正做到"尊重科学规律""按科研规律办事"并不容易。如果相关部门在制定某项政策、办法之前，能多深入科研院所、高等院校，多听听科研人员和教授们的真实想法，想必就不会在管理工作中把科学研究和盖大楼一视同仁了。

（2014 年 8 月 4 日）

花巨资登陆彗星，值吗

2014 年 11 月中旬，欧洲航天局发射的人造探测器"菲莱"从母船"罗塞塔"分离 7 小时后，成功登陆目标彗星"67P/丘留莫夫—格拉西缅科"（以下简称 67P），并发回了 67P 的照片。这是人类首次成功着陆彗星表面并传回数据。

早在 1993 年 11 月，欧洲科学家就启动了"罗塞塔"项目，整个项目耗资约 13 亿欧元，折合人民币约 100 亿元。

面对如此巨大的投资，公众在兴奋之余还是忍不住提出质疑：为了登陆彗星，花 13 亿欧元值吗？

"这绝对是值得的。"欧航局"罗塞塔"项目主管弗雷德·詹森认为，该项目将刷新人们对彗星的认识。

原来，与地球上地质的变化异常频繁不同，彗星上变化较少，保存着太阳系起源时的最原始物质。科学家们希望通过"罗塞塔"项目，解答太阳系的演化历史：婴儿时期的太阳系是什么样？它是如何演变的？

比"罗塞塔"项目更雄心勃勃的，是诺贝尔奖得主、华裔美籍科学家丁肇中先生领导进行的阿尔法磁谱仪（AMS）实验项目。全球 56 个研究机构、1500 多名科研人员参与的这个实验项目，旨在通过在国际空间站上探测暗物质和反物质，揭示宇宙的起源之谜。已进行了 16 年的 AMS 实验项目还将继续进行下去，其花费估计不在"罗塞塔"项目之下。

前不久，受邀参加中山大学 90 周年校庆的丁肇中同样遇到了类似"花 13 亿欧元值不值"的提问："为何要研究宇宙的起源？这对人生有意义吗？"

丁肇中的回答也颇具东方色彩："我也不知道我的研究有什么用。"

"有什么用"的质疑，估计国内从事科学研究特别是基础研究的科研人员都曾遇到过，有的甚至还不止一次。

与那些能很快产生经济效益、给实际生活带来明显变化的应用研究相比，旨在探索宇宙奥秘、拓展人类认识的基础研究的确显得很"无用"。但正如丁肇中所言，如果把人类的科学研究、技术开发活动比作金字塔，基础研究就如同金字塔的基石，所有技术的发展都是生根于基础研究中。如果一个社会将自己局限于技术转化，那么当基础研究无法提供新的知识和现象时，就没什么东西可转化了。

回顾历史，"无用之用乃为大用"的例子不在少数。孟德尔发现的遗传因子，直接催生了今天的基因医学和杂交技术；屠呦呦等中国科学家发现的青蒿素能治疗疟疾，挽救了数百万患者的生命；以科学家发现的丙肝病毒受体为靶点，美国吉列德公司研制的新药 Sovaldi 今年第一季度就卖了 22.7 亿美元，公司市值因此飙升到 1000 亿美元……

　　令人遗憾的是，我国长期存在的"重应用轻基础"倾向至今尚未扭转。前不久公布的《2013 年全国科技经费投入统计公报》显示，2013 年我国的基础研究经费为 555 亿元，只占研发经费总量的 4.7%；美、日、英、法等科技强国的这一比例，一直保持在 15%—30%。我们在批评"科技成果转化率太低"的同时，是不是也应该问一下：我们在基础研究上投入了多少钱、创造了多少可供转化的重大原创性成果？

（2014 年 11 月 28 日）

由"始料不及"想到的

在人类历史上，技术发明和技术工程产生"出人意料""始料不及"甚至"事与愿违"的事情，并不少见。

先看国内。素有"万里黄河第一坝"之称的三门峡大坝在1960年建成蓄水后，对确保下游安澜，发挥了无可替代的重要作用，但是却在库区发生了严重的泥沙淤积，水库上游的渭河成为悬河，关中平原因严重盐碱化，洪灾频繁。自1980年开始，福建等沿海地区为保滩护岸、净化水质、改善生态环境，从国外引进了互花大米草、薇甘菊和凤眼莲（俗称水葫芦）等。由于这些外来物种繁殖能力极强，加上没有天敌，引种到当地后疯长蔓延，造成大面积的生物入侵，成为难以控制的环境公害。

再看国外。二战期间诺贝尔奖获得者穆勒发明的杀虫剂滴滴涕，一度成为粮食、水果、蔬菜的"保护神"。但由于毒性和残留较高，滴滴涕经生物圈中循环后破坏了生态平衡，并损害人的神经系统，成为人类健康和生态系统的杀手。日本岩手县附近的釜石市耗时近30年、花费1220亿日元（约合94亿元人民币），于2009年建成了被吉尼斯认定为世界"最大最深的防波堤"，并坚信有了它就可以使居民免遭海啸袭击。然而，面对今年3月发生的日本大地震及大海啸，"最大最深的防波堤"依然无能为力，整个釜石市区被海水吞没。

许多技术发明和技术工程之所以会产生"始料不及"甚至"事与愿违"的后果，有的是因为对其存在的隐患缺乏认识，有的是因为对自然灾害的程度估计不足，有的则是因为听不进"少数不同意见"而仓促上马。

现代社会，技术创新日新月异，人类对自然的认知程度越来越深，抵御灾害的能力越来越强。然而，从总体上看，人类对自然的认识还很有限，面对各种天灾，我们要做的还很多。如果想少一些"始料不及""事与愿违"，我们就应该对大自然始终保持一份敬畏，在推广新技术、上马新工程之前多一些研究评估、少一些"想当然"。

（2011 年 7 月 18 日）

该重视科学伦理了

前段时间备受各界质疑的"中式卷烟"项目入围国家科技进步奖一事虽然淡出了公众视野，然而其敲响的警钟却应长鸣：是该重视科学伦理的时候了。

消灭害虫、让农作物大量增产的 DDT 造成了始料不及的生态破坏，可治疗某些疾病的基因重组技术也可能产生威胁人类安全的"超级生命"……20 世纪以来，随着现代科技引发的负面效应日益凸显，其"双刃剑"特征引起包括科学家在内的有识之士的警觉，科学伦理应运而生。为使科学技术最大限度地造福人类，预防、减少其负面效应和文化冲突，发达国家纷纷成立了不同形式的相关组织，规范和引导科学研究、技术开发活动；越来越多的科学共同体制定了可操作的科学伦理标准，严格自律。

发达国家的教训和经验证明，强调科学伦理并不是限制科技创新，而是确保其沿着正确的方向前进。对涉及百姓健康、公共利益和社会安全的研发活动进行科学伦理的评价、把关，既可以防止技术滥用、防患于未然，也有助于科研人员认清科技的局限，及时纠正偏差、修补漏洞。

近年来，科学伦理问题也引起了我国科技界的关注，并上升到法制高度。比如，新修订的《科学技术进步法》第二十九条则规定：国家禁止危害国家安全、损害社会公共利益、危害人体健康、违反伦理道德的科学技术研究开发活动；《国家科学技术奖励条例实施细则》第九十六条则明确强调：获奖成果的应用不得损害国家利益、社会安全和人民健康。

令人遗憾的是，违背科学伦理的事情还是屡有发生。例如：某些高校院所和企业的科研人员为了发论文、牟私利，居然研制、推广危害人体健康的"瘦肉精"技术，并刻意隐瞒其副作用，甚至研发出"掩蔽剂"专门对付有关部门的检测；"中式卷烟特征理论体系构建及应用"技术不仅获得了省部级科技进步一等奖等多个奖项，今年还成为2012年度国家科技奖的候选项目。而据统计资料显示，过去10年间共有7个烟草科技成果获得国家科技奖。

从上述现象不难看出，有些科技人员对科学伦理的认识还不到位，一些科技工作者受利益驱使把科学伦理抛到脑后，某些管理部门的科学伦理意识非常淡薄，有法不依、有令不行。

科技就像一把钥匙，既可以打开天堂之门，也可以打开地狱之门。为此，中科院原院长路甬祥在几年前就撰文指出，在21世纪，科技伦理的问题将越来越突出，科学技术的进步应服务于全人类，服务于世界和平、发展与进步的崇高事业，而不能危害人类自身。

正如中科院从事科技哲学研究的胡新和教授所言，烟草类评奖只是科技与伦理之争的冰山一角，面对科学技术带来的种种便利与好处，其背后的道德、伦理问题很容易被忽视。当前，我国的科技创新正处在加速上升期，研发经费逐年增加、领域不断拓展、创新主体日益多元化、利益纠葛更加复杂。在这种形势下，加强科学伦理建设的任务就更加紧迫。希望有关部门、科学共同体和有关学者一起努力，及早建章立制、细化标准规范，同时加强监管，在全社会普及科学伦理意识。只有这样，才能从源头上防控科学技术的负面影响，确保科技成果造福于人类，而不至于走向反面。

（2012 年 4 月 23 日）

二、关于人才培养

时至今日，这已成为国人的共识：创新驱动的本质是人才驱动，人才是第一资源。因此，实施创新驱动发展战略和建设世界科技强国的第一要务，是培养创新型人才。

2005 年，时任国务院总理的温家宝看望钱学森的时候，钱老感慨说："这么多年培养的学生，还没有哪一个的学术成就，能够跟民国时期培养的大师相比。"他还发问："为什么我们的学校总是培养不出杰出的人才？"

遗憾的是，时至今日"钱学森之问"依然没有得到很好的解答。

莫让钱老遗愿变遗憾

北师大附中是钱学森的母校。从 1923 年到 1929 年，他在这里度过了 6 年的学习时光。在他近一个世纪的人生旅途中，6 年不过是短暂的一小段，但这位科学大师对北师大附中的感恩之深、评价之高，却超出了许多人的想象。

钱学森回国后的第二天，就赶往母校探望。据他的第一位警卫秘书回忆，钱老对北师大附中很有感情，每次路过那里，都会说：这是我非常熟悉的地方。

他曾经坦陈：

在我一生的道路上，有两个高潮：一个是在北师大附中的时候，一个是在美国读研究生的时候。师大附中的学习生活对我的影响很深，对我的一生，对我的知识和人生观都有很深刻地影响。

钱学森先生为何对自己的母校如此感念不已？前两天参观了刚刚布置完毕的北师大附中钱学森展馆，笔者似乎找到了答案：当时学校实行的是"德智体美"全面发展的素质教育，学生们在宽松的环境中能够快乐地学习、健康地成长，为其后的发展奠定了"人生的基石"。

钱学森展馆中的资料显示，北师大附中的前身，是成立于 1901

年的五成学堂，当时就制定了"勤学分""学习分""体操分"等
"三分并举"的办学方针；1912 年改为高师附中后，办学方针明确为
七条：锻炼强健体格、陶融公民道德、培养民族文化、充实生活技
能、培植科学基础、养成劳动习惯、启发艺术兴趣；1922 年，时任
校长的著名教育家林砺儒把北师大附中的办学宗旨概括为四条：培
养健康身体、发展基本知能、培植高尚品格、养成善良公民。

　　从中不难看出，当时的北师大附中，强调的是全面发展，"死
记硬背"在这里没有市场，"分数"在这里并不是那么重要。这一
点，从钱学森的多次回忆中得到印证：

　　　　学生临考试是不做准备的。从不因为明天要考什么而加班
背诵课本。大家都重在理解不在记忆。考试结果，一般学生都
是 70 多分，优秀学生 80 多分。

　　　　（附中学生）并不刻意追求满分。能考 80 分以上就是好
学生，但这 80 分是真正学来的扎扎实实的知识。什么时候考
试，都能考出这样的成绩。

　　　　下午下了课，还非要玩一阵不可，到球场上踢一场球，天
不黑是不回家的。没有人为考试而"开夜车"，更没有人死
背书。

　　"德智体美"全面发展的办学理念，"重在理解不在记忆"的
教育方法，激发了学生对所学课程的浓厚兴趣，使他们在知识的海
洋里任意畅游、多方涉猎。据钱学森回忆：我们全班学生学习积极
性很高，除了上课外，我们都参加了学科小组，有物理、化学、博

物、天文等，利用课外实践和中午休息时间大家讨论、发表见解、兴趣很浓。

由于老师教育得法，虽然课程较多，但学生们依然学得非常轻松。"这样多的课程，一点没有什么受不了的感觉。"钱学森在回忆中说，后来考上公费留学美国，还是靠附中打下的基础。

由此可见，当时的北师大附中，真正是遵循教育规律、实行正确的教学方法，为孩子们营造了一个快乐学习、自由成长的环境，为他们以后的成长打下了良好的基础。

反观当下的基础教育和学前教育，在许多方面是南辕北辙。许多孩子上幼儿园期间就要上各种各样的"兴趣班"；到了小学，除了"抄、背、读、写"家庭作业，还要在双休日、节假日上奥数、补英语、学钢琴；上了中学更是三天一小考、五天一大考。这种愈演愈烈的应试教育，如何能培养出会思考、能动手的创新型人才？

钱学森曾不止一次地向国家领导人表达过自己的忧虑：为什么现在我们的学校总是培养不出杰出人才？可以说，改革不合理的教育模式、采用科学的方法培养创新型人才，是钱老生前最大的遗愿。希望教育主管部门、各界有识之士，以及孩子的家长们，莫忘"钱学森之问"，切实纠正扼杀孩子想象力和创造力的错误教育理念和教育方法，莫让钱老的遗愿变成遗憾——这不仅是钱老自己的遗憾，更是家庭的遗憾、国家的遗憾、民族的遗憾。

（2009 年 11 月 14 日）

缺少天才谁之责

同事讲了一个地球人都知道答案的"脑筋急转弯"：一棵树上有三只鸟，有人用枪打死了一只，还剩下几只？

成年人皆以为然的标准答案大概是：树上没有鸟了，因为另外的两只也被枪声吓飞了。

然而，一个五岁的孩子却做出了令人称奇的回答：还有两只。他的理由同样令人称奇：如果这棵树很大很大，鸟儿可能从树的这一侧飞到那一侧去了；如果用的是消音手枪，那另外两只鸟就听不到枪声；现在城市里的鸟儿听到的噪音太多，对枪声也许不那么敏感了……

故事讲完，这位同事忍不住一声长叹：现在孩子上中学了，每天都要做无数的练习题，给出无数的"标准答案"，再也不会有这样丰富的想象力，再也给不出这样有意思的回答了！

类似的经验，想必许多成年人都曾有过。可悲可叹的是，我们的孩子们正在应试教育的训练中，重复着父辈们的经历：性格棱角被磨平，求知欲被抑制，想象力萎缩，好奇心锐减……

由此想到与"钱学森之问"异曲同工的"乔布斯之问"：中国为什么产生不了乔布斯这样的创新天才、商业奇才？比较一致的共识是：因为中国还没有美国那样的教育环境和市场环境——鼓励个性、倡导质疑、宽容失败、鼓励创新、保护发明。

对天才的期盼，早已有之。半个多世纪以前，鲁迅先生就写过一篇杂文《未有天才之前》。对于"中国为什么缺少天才"这个问题，他认为症结在于"民众"：

> 天才并不是自生自长在深林荒野里的怪物，是由可以使天才生长的民众产生，长育出来的，所以没有这种民众，就没有天才。

> 在要求天才的产生之前，应该先要求可以使天才生长的民众——譬如想有乔木，想看好花，一定要有好土；没有土，便没有花木了。

鲁迅先生的这篇杂文，在今天仍具现实意义：在批评环境、指责制度的同时，我们是否也应该反躬自问：自己的所言所行，是否有利于天才的成长、创新的产生呢？

这样的发问并非矫情——

如果您是孩子的家长，您是希望他把时间都花在学习上、门门考一百分，还是给他更多时间发展自己的兴趣爱好呢？

如果您是一名教师，您是鼓励学生"听话"、考高分，还是引导他们独立思考、勇于质疑？

如果您是一名消费者，您是宁愿多花一点钱买正版产品，还是图便宜买山寨版？

如果您是负责贷款的银行经理，您是青睐那些风险又小、额度又大的大客户，还是挑选那些成长性好但风险较高的科技型中小企业？

如果您是一名地方领导，您是热衷于见效快的招商引资，还是大力培育"前人栽树、后人乘凉"的种子企业？

……

从中不难看出，成年人的所言所行，都可能与创新人才的培养、创新企业的发展息息相关；成年人的所作所为，可能是鼓励创新的助推器，也可能是阻碍创新的绊脚石。其实，无论是制度、机制也好，还是氛围、环境也罢，都是由人来制定、实施、创造的。如果一味归罪于制度、环境，而不反躬自省、从我做起，无异于推卸责任。

与其慨叹埋怨，不如用行动改变。让我们从自身做起，甘当培育天才、鼓励创新的"泥土"吧。诚如鲁迅先生所言：

> 做土的功效，比要求天才还切近；否则，纵有成千成百的天才，也因为没有泥土，不能发达，要像一碟子绿豆芽。

（2011 年 11 月 10 日）

大学生为什么不会提问

青年学生要勇于挑战学术权威——这是清华大学新任校长陈吉宁在走马上任后首次出席该校学术活动时，对年轻的博士生提出的殷切期望。他强调说，要想在科学研究上从"following"（跟踪）走向"leading"（领导）和创新，需要更多的人尤其是青年学生去挑战传统，挑战学术权威。

挑战权威的前提，是理性质疑，是勇于提问。然而，让人遗憾的是，在我们国家，"最有活力"的许多青年却不会提问，更遑论挑战了。

前不久清华大学教育研究院发布的一份"以学习者为中心"的研究报告表明，和美国的研究型大学相比，我国985高校的学生表现最差的就是"课堂提问或参与讨论"：在"课上提问或参与讨论"题项上，选择"从未"的中国学生超过20%；只有10%的学生选择"经常"或"很经常"。美国大学生作出同样选择的，分别是3%和63%。

对于提问的重要性，爱因斯坦有一个著名的论述：

提出一个问题往往比解决一个问题更重要。因为解决一个问题也许是一个数学上或实验上的技能而已；而提出新的问题，新的可能性，从新的角度去看旧的问题，却需要有创造性的想象力，这标志着科学的真正进步。

其实，不会提问的不仅仅是大学生，我们的小学生、中学生，最会说的是"是"，而不是"不"或者"为什么"。

为什么会这样？答案可能会比较一致：填鸭式教育——或者说"听话式"教育。从孩子刚懂事时起，他们听到家长说得最多的一个词，恐怕非"听话"莫属。而贯穿幼儿园和中小学的填鸭式教育，更强化了孩子们的听话意识：绝大多数教师不鼓励孩子质疑、提问，他们对孩子的最大要求，是"背背背"，记住标准答案。

填鸭式教育的恶果，是"祖国的未来"丧失了提问、质疑的思维和能力，丧失了创新所需的想象力和创造力。教育进展国际评估组织在2009年做了一项调查，其结果让国人大跌眼镜：在全球21个受调查国家中，中国孩子的计算能力排名第一，想象力排名倒数第一，创造力排名倒数第五。

没有了想象力和创造力，还谈什么创新、说什么创意？

幸好，有些教师、科学家特别是从海外留学归来的年轻科学家，已经意识到不会提问的严重性，开始在自己的教学、研究中鼓励学生大胆提问。不久前荣获"霍华德·休斯医学研究所首届国际青年科学家奖"的北京生命科学研究所的朱冰，给学生上的第一课就是"别太尊师重教"，他甚至鼓励学生："博导博导，一驳就倒"；与朱冰一起同获殊荣的清华大学年轻教授颜宁，在带领学生参加国际知名科学家出席的学术会议时，最希望他们做的事，就是勇于向这些学术权威发问。

当然，只有这些还不够。当务之急，恐怕就是尽快改革愈演愈烈的应试教育，让教师们走出填鸭式教育的泥潭，让学生们从无休止的考试中解放出来。

否则，"钱学森之问"永远不会有令人满意的答案。

（2012 年 5 月 28 日）

南科大能否回答"钱学森之问"

"我们很希望回答钱学森之问"——在前不久举行的招生说明会上，南方科技大学校长朱清时再次表达了他的夙愿。

2009年9月，卸任中国科技大学校长的朱清时再次出山，受聘南科大（筹）校长，立志要创办一所自主办学、教授治校的一流大学，以回答"钱学森之问"。其后，他和筹建中的南科大一直处在舆论的风口浪尖上。今年4月24日，南科大终于获批"转正"，并于5月29日拿到了教育部的本科招生试点方案批复，让人们看到了希望的曙光。

由于高考在即，南科大今年的招生只能采取"基于高考"的综合评价录取模式，即考生的高考成绩占60%，高中阶段平时成绩占10%，复试成绩占30%。这一不得已而为之的录取模式，引发了许多质疑，有人甚至称：南科大向有关部门"妥协"，"被收编"了。

其实，正如朱先生在央视《新闻1+1》栏目中所回答的那样：任何理想的东西往往都不能一步到位，尤其是教育改革这种复杂的事情……我觉得重要的是我们已经朝着目标前行了一大步了。

与"一考定终身"的现行招生制度相比，南科大的招生模式虽然与其初衷有违，但已经前进了一大步：没有120%的提档线限制，"想象力、注意力、洞察力"等综合能力复试占30%，平时成绩占 10%。这样既看分数、又重能力，基本不会有"遗珠"之憾。而且，新生入学后前两年将不分专业，待自己的潜力和兴趣明确后再自主选择；开学后学生就有机会到实验室工作，较早接触科研。所有这些，已经接近国际一流大学的招生、培养模式。在中国当前的条件下，能做到这些已属不易。

目前南科大已经在全球范围内招聘了 60 多位知名教授，今后将会有更多人加盟。一流的师资、一流的学生，加上科学的教育理念、教育方式，假以时日，南科大培养的科技领军人才将脱颖而出。

当然，要完全回答"钱学森之问"，还离不开国家科教体系的整体改革。让人欣慰的是，在这场改革攻坚战中，并非只有朱先生一个人在战斗：王晓东领衔的北京生命科学研究所，建立了"稳定支持、自主科研、国际评估、公平竞争"的科研模式，其成效获得国内外同行认可，已有多个高校、研究所开始效仿；北大、清华联合成立的生命科学联合中心，除了在科研上大胆改革，还探索实行"师资共享、学分互认和学、硕、博一体"的人才培养模式；由中美合建的上海纽约大学，已获教育部批准筹建，有望于 2013 年招收首届本科生……涓涓细流汇成江河，填鸭式教育和计划式科研的寒冰就会慢慢消融。

"地上本没有路，走的人多了，也便成了路。"在举步维艰的科教改革中，需要质疑、批评，更需要鼓掌、喝彩和力所能及的身体力行。

（2012 年 6 月 11 日）

本科生为何不能署名"第一作者"

"五四"青年节没过几天，就看到"本科生不能署名第一作者"的怪事。据《中国青年报》报道，南开大学的一名本科生，把自己完成的一篇论文投给国内某家有名的学术期刊，得到的回应令人无语：论文符合发表要求，但希望最好把导师的名字署上，而且导师必须是第一作者。最终，这位还没有导师的本科生，只好按照编辑部的这一特别要求，让指导老师充当第一作者，论文才得以发表。据中青报记者调查，有类似遭遇的本科生不止一例；有的学生因为不愿意向"身份歧视"低头，导致论文无法发表。

实事求是是做学术的基本要求，学术至上当为学术期刊的基本原则，对于投稿，本应只看水平、不问身份。然而，实际情况却并非如此。据知情者透露：学术期刊本来对论文作者的身份没有要求，但许多刊物为彰显知名度、追求转载率和引用率，特别希望作者有教授、博导头衔。如果作者是不知名学者或者本科生，期刊会觉得降低档次，也会影响"大牌"作者的投稿积极性。为此，有些杂志在介绍本科生作者时，故意隐去年龄及学生身份，只注明其所在单位。

有道是"适者生存"，仔细想来，上述学术期刊的"身份歧视"，不过是"重资历、轻学术"的国内学术环境下的条件反射。在各类科技活动中，类似"重名轻实""尊老歧幼"的现象可谓比比皆是：科研立项，非得有学术"大佬"牵头不可，好像资历越深、年纪越大越有权威；成果评审，必须要院士当评审组组长，似乎不如此就不够层次；申请科研项目，名头越大、资格越老的"中标率"越高，名气越小、资历越浅的年轻人淘汰率越高……

学术研究特别是科技创新，不像老中医看病——越老越有经验、越老越灵光。看看中外的科学史就不难发现，许多重大的科学发现、技术发明，往往是名不见经传的年轻人创造的。爱因斯坦提出相对论时只有 26 岁，法拉第证明电磁感应时只是一名助理实验员；陈景润攻克哥德巴赫猜想时不过 30 出头，屠呦呦发现青蒿素时连副研究员都不是……创新就是要打破框框、挑战权威、超越前辈。精力充沛、思想活跃、不守规矩的年轻人，取得新发现、搞出新发明的可能性更大。

近年来"重视年轻人""鼓励青年拔尖人才"的呼声日益高涨，但实际行动中的"重名轻实""尊老歧幼"却屡见不鲜、见怪不怪。这些做法无形中打击了年轻人的创新热情、减少了年轻人的创新机会。

国际植物抗逆分子生物学领军科学家、美国科学院院士朱健康，日前谈到"在美国工作 24 年的体会"，第一条就是"特别给年轻人提供机会"。国外学术期刊包括许多顶尖刊物都不乏本科生作者，很多学术基金都支持本科生从事学术活动，鼓励他们发表论文。

　　"见贤思齐焉，见不贤而内自省也。"在建设创新型国家的进程中，希望有关部门、单位能给年轻人提供更多机会，而不是只把"重视年轻人""鼓励青年拔尖人才"挂在嘴上。

（2012 年 5 月 17 日）

做"伯乐"还是当"农夫"

前不久,《中国科学报》刊发了对中国科技大学校长侯建国的专访《人才培养应摆脱"伯乐相马"模式》,读后深有感触。

侯建国校长认为:"管理部门应摆脱'伯乐相马'式管理模式,把工作重心放在为人才成长营造肥沃的土壤和有利于创新的环境上。"

他所说的"伯乐相马"式管理,是指管理部门一方面出台各种奖励措施、荣誉称号、优惠政策,以期对人才成长"硬刺激";另一方面充当"伯乐",按照自身理念设定标准,通过组织各类评审给各级各类人才"戴帽子",从而树立标杆,激励众人。

的确,时下吸引、培养人才的各种"帽子"工程名目繁多、争奇斗艳:你有"海聚工程",我有"万人计划";你有"长江学者",我有"黄河学者";你有"黄山学者",我有"泰山学者"……其中既有中央部门的,也有地方政府的,既有科研院所的,也有高校的,虽然名称各异,但手段大致相同:给予真金白银的优厚待遇,授予名头响亮的荣誉称号,以达到"招才引智"的目的。

"帽子"工程的初衷无疑是好的,但实际效果并不那么理想,甚至产生了一些事与愿违的不良后果。比如,由于急于求成、把关不严，一些名不副实的人浑水摸鱼，成为滥竽充数的南郭先生；为了拿到更多的经费，一些人不是把时间和精力花在科研上，而是忙于包装成果、参加各种评审；在名利双收的诱惑下，一些人头戴好几顶"帽子"，多地兼职、四处招摇……在跑项目、拉经费、抢"帽子"的过程中，本该潜心科研的内心世界变得躁动不安，一些科学家特别是青年人的心思乱了、眼睛花了、精力散了、目标偏了、价值观颠倒了。

其实，真正的大师不是物质刺激出来的，更不是戴"帽子"戴出来的，而是凭借其对未知世界的好奇、对科研创新的兴趣，在良好的环境和浓厚的学术氛围中，依靠长期的潜心钻研"钻"出来的。

因此，相关部门和单位与其热衷于当"伯乐"、搞"帽子"工程，不如放下身段、甘当"农夫"，用心浇水、施肥，改良土壤。只要水肥充足、营养丰富，庄稼自然会茁壮成长，结出丰硕的果实。

当下科研人员更为期盼的，恐怕是公平竞争、科学高效的科研管理机制。比如，在科研经费的使用上，现行规定一方面过细过死，违背了科研工作"不可计划"、难以"按部就班"的基本特征，同时过于"重物轻人"，导致大量经费用在了购买昂贵的仪器设备上；比如，在科研项目评审中，人情、关系等非学术因素依然屡禁不止、暗中作祟，严重损害了公平竞争、学术至上的基本原则；比如，在成果评价上，不是按照不同性质的科研活动分类评价，而是把基础研究、应用研究和技术开发混为一谈，一味地"数论文"……许多有识之士指出，如果上述问题不解决，即使投入再多、仪器再先进，也是事倍功半。

荒漠里长不出参天大树，平原上难有珠穆朗玛峰。目前我国的科技人才数量位居世界第一，每年还有大量的海归回流，研究队伍已经告别了青黄不接；同时，科技投入逐年稳定增长，硬件设备也鸟枪换炮、日渐精良。最缺乏的，莫过于保障科技人员心无旁骛、潜心研究的创新环境和一心向学、追求卓越的文化氛围。如果相关部门能不务虚名、着眼长远，在改良土壤、改善环境上踏踏实实下功夫、做实事，就会促进科技水平的整体提升，助推领军人才脱颖而出。

（2014 年 9 月 5 日）

三、关于人才引进

随着创新驱动发展战略的深入实施，从国家到地方、从高校到科研院所，无不在想方设法、热火朝天地引进人才，名目繁多的"人才工程"、"人才计划"令人眼花缭乱、难辨真伪。

重视人才、引进人才是好事，但在引进人才的过程中，是不是被引进者的名气越大越好、"帽子"越多越好？是不是给的钱越多越好？这些问题都值得探讨。

招才引智，别只在钱上攀比

50 万元、100 万元、250 万元……这些轮番上涨的价格，并不是某个古董拍卖会上的竞拍，而是许多城市在招才引智中对高层次领军人才颁发的一次性津贴或资助经费。

当前，吸引海内外一流创新创业人才的大潮风起云涌，全国各地纷纷推出优惠政策，其中最吸引眼球的招数，莫过于"重金招才"，于是就有了"你高我比你还高"的"价格"大战。

人才是第一资源，为显示对人才和知识的尊重、帮助他们尽快创新创业，发一笔不菲的津贴或资助经费，自然在情理之中。但如果仅仅在钱上做文章、搞攀比，就值得三思了。

一位回国创业的科技人员向笔者诉说自己的烦恼：某市发给他的百万元津贴帮了大忙，很快办起了一家高科技公司，但让人不习惯的是每到逢年过节，都要仿效本地企业家，到曾经"关照"过的相关部门"随喜"。"这儿的风气就是这样，为了今后不被'穿小鞋'，你只能入乡随俗啊！"说到这里，这位"海归"直摇头。

笔者在采访中发现，许多"海归"都有类似烦恼。有的技术被"模仿"，想通过法律途径维权却被当地有关部门以"中国国情"为由婉拒；有的为了能申请到省里的科技项目，不得不托人打通关节；有的为了能顺利评上教授，只得硬着头皮请客送礼……

而类似情形并非一处独有，有的地区甚至更为严重。

这不由让人想起清华大学生命科学学院院长施一公教授的一篇博文，其中提到：环境与人才的关系好比是作物与土壤：种子的发育、作物的生长都依赖于土壤，贫瘠的土壤不可能培育出壮实的作物……人才的培养需要良好的环境，包括鼓励创新的科技体制、着重能力培养的教育体制以及正气理性的浓厚学术氛围。

这番话道出了环境对创新创业人才成长、发展的重要性。虽然经过30多年的改革开放，我国在科技、教育体制改革和创造公平竞争的市场环境方面有了很大进步，但仍存在许多不容忽视的问题。科研教育领域行政化过度，在项目申请、经费支持中潜规则盛行，知识产权意识淡薄、保护不力，恶性竞争屡禁不止，激励创新的氛围不浓……特别是富有"中国特色"的请客送礼、拉关系，不仅让有志于回国创业的人才望而却步，也严重制约着本土创新人才的健康成长。

"橘生淮南则为橘，生于淮北则为枳……所以然者何？水土异也。"《晏子春秋》中描述的这一自然现象，对于今天的招才引智不乏启示。与其在给钱上你追我赶，不如在创新体制机制、完善政策、移风易俗等方面下功夫。虽然改善环境不如"重金招才"操作简单、显示度高，但却真正是"功在当代、利在千秋"的事情，值得做也必须做。

（2010 年 8 月 23 日）

引进人才不能只图虚名

在全国各地如火如荼的吸引人才大潮中，有一种不良倾向值得警惕：不是看其实际的科研能力，而是过分看重名头。除了不惜重金争抢声名显赫的老院士外，一些地方还高调引进高龄的诺贝尔奖得主。

科学家固然不能以年龄论英雄，但科学研究却不能不考虑年龄。从事前沿性研究，不仅需要及时查阅新近出版的大量文献，还需要旷日持久的科学实验，既离不开活跃的思维、敏锐的观察，也离不开充沛的体力。翻看诺贝尔奖得主的研究履历不难发现，几乎所有获奖者的成果，都是在中青年时期完成的；60岁以上获得重大发现的都非常罕见，更不用说70岁以后了。

针对过度推崇甚至迷信院士的现象，已故科学家、两院院士王选曾经说过：

> 错误地把院士看成是当前领域的学术权威，我经常说时态搞错了，没分清楚过去式、现在式和将来式。

他更以自己的经历现身说法：

> 我38岁时，站在研究的最前沿，却是个无名小卒；58岁时，成为两院院士，但是两年前就离开了设计第一线；到现在68岁，又得了国家最高科技奖，但已经远离学科前沿，靠虚名过日子了。

国际知名科学家丘成桐先生也深有同感。针对"做学问越老越好"的错误观念，他在题为《中科院在新时期面临的挑战》的文章中说：

> 好的研究是年轻人做出来的，也影响到年纪大的人的学问……一个人做研究的能力到了高峰后自然会衰退，假如能指导年轻人，与年轻人切磋、互相激励，反而对自己的研究有好处。所以，往往有年轻人聚集的地方，年纪大的人做得也好一些。

下大力气引进"领军人才"，不是为了撑门面、讲排场，而是通过他们踏踏实实的研究，切实提升自主创新能力，解决生产、生活中存在的重大现实问题。某些地方和单位只看名头、不注重实际能力，不惜巨资吸引所谓"国际顶尖人才"的做法，显然与国家吸引人才的宗旨背道而驰。

科学研究、科技创新离不开实事求是的科学精神，引进人才同样如此。只图虚名、好大喜功，除了能满足虚荣心，恐怕很难产生真正的原创成果、一流技术。这种错误做法不仅会造成巨大的资源浪费，而且还会把真正的领军人才拒之门外，害莫大焉。

要想在引进人才中杜绝这种重名轻实的面子工程、政绩工程，除了要破除"越老越好"和好面子、讲排场的错误观念，恐怕还得在责任追究上动真格：对引进的人才进行严格的绩效考核，如果几年下来成效了了，就要认真追究有关领导的责任。

（2011 年 10 月 27 日）

看"帽子"更要看"里子"

随着创新驱动发展战略和高校"双一流"建设的深入推进，近年来，不少地方和高校院所竞相出台优惠政策，千方百计吸引科技人才。在竞争激烈的"引才大战"中，有一种倾向值得警惕：只要对方有"两院院士""千人计划学者""国家自然科学基金杰出青年""长江学者"等"帽子"，往往就不去考察其当前的创新实力和未来的创新潜力，争相引进，并优先给予高额的经费支持和优厚的生活待遇。

重视人才、不惜重金吸引人才无可厚非，但需要考虑的是："帽子"和"里子"（本事）完全是一回事吗？"帽子"越大本事就一定越大？

事实上，这些"帽子"的背后大多是我国为了延揽海内外学界精英、培养造就高水平学科带头人而实施的重大人才工程。这些人才工程的实施，吸引了一大批高层次领军人才回国创新创业，在建设创新型国家中发挥着积极的作用。至于"两院院士"，更是代表了我国学术界的最高荣誉，获得者都有很高的科学技术成就。因此，这些"帽子"在"引才大战"中受到各方追捧，是具有一定合理性的。

但是，科技人才评价又有其复杂性和特殊性，不能一概而论，简单地以"帽子"论英雄。因为，评上这些"帽子"的人往往是优秀人才，落选的也不一定就没水平。有些"帽子"如"青年千人计划"是为吸引海外有为青年设立的，近年来回国的优秀海归人才逐年增多，国内培养的高水平青年人才数量也迅速增长，他们中的一些人与有"帽子"的人才实力相当、难分伯仲。对这些人的评价，如果只以"帽子"来衡量，难免失之偏颇。

还有的资深科学家已经比较年长，评上"帽子"时依据的主要是之前青壮年时期做出的成果。搞科研的人都知道，无论是前沿探索还是技术开发，要想做出重大成果，活跃的思维和充沛的体力缺一不可。研究结果显示，科学家创新的高峰期大致在 30—55 岁之间，能在其后做出重大原创成果的少之又少。

因此，"以帽取人"、只看"帽子"不看"里子"弊端多多。如果任由"以帽取人"的倾向蔓延，很可能会产生一些负面作用。

地方政府和高校科研院所引进人才，要么是为了提高创新能力、推动高质量发展，要么是为了提升学科水平、更好培养人才、产出更多优秀成果，因此坚持什么样的标准至关重要。对于科技人才而言，最重要的衡量标准，应该是其当前的创新能力和未来的创新潜力，而不是简单地看"帽子"。正如成果评价不能简单地"数论文"一样，评价科技人才也不能简单地看"帽子"，而应该既看"帽子"也看"里子"。只看"帽子"、不看"里子"，无疑是本末倒置，会混淆科技人才的评价标准。这样一来，不仅与引进人才的初衷背道而驰，还会助长重名轻实、好大喜功的不良风气。

当前，国家大力倡导科学家静下心来、潜心科研，以谋求原创研究成果和核心技术的突破。如果"以帽取人"盛行，可能会使一些青年科学家优先挑选那些"短平快"的项目做，以便早发论文、多发论文，进而早日戴上"帽子"、提高自己的"竞争力"。如此一来，科学家就很难静下心来，更谈不上潜心科研、十年磨一剑了。

（2018 年 5 月 7 日）

多为大师盖大楼

在获得 2014 年诺贝尔自然科学奖的 9 位科学家中，最引人注目的当属"小人物"、美籍日裔科学家中村修二。同 2002 年诺贝尔化学奖获得者田中耕一一样，中村修二 1994 年研制出蓝色发光二极管时，还是日本一家小公司的普通技术员。

说到中村修二，不能不提当年慧眼识才、把他从地下实验室里请到美国加州大学圣巴巴拉分校的校长杨祖佑先生。成立于 1944 年的加州大学圣巴巴拉分校在洛杉矶以北 160 公里，风景绝佳，位置却十分偏僻。1994 年 6 月，普渡大学工程学院院长杨祖佑受聘担任加州大学圣巴巴拉分校第五任校长，一直干到今天。

杨祖佑是如何把中村修二请到的？请到后又是怎样对待他的？《科学时报》2008 年的一篇报道，为我们呈现了令人感动的细节："当我们飞到日本时，发现中村修二在地下室做实验，职位只是一个技术员，我知道这就是我们的机会。"中村修二到校后，"我们为他配备了研究团队，甚至让团队中的研究人员到日本工作一年，学习日语，为他营造一种日本文化环境，让他能愉快地待在大学里。"

更让人感动的故事还在后面。2006 年，中村修二获得芬兰千禧年技术奖后，另外一所大学承诺专门为他盖一所新楼，请他和他的研究团队过去工作；杨祖佑得知这一消息后，对中村修二说：你别走，我为你建一座大楼。

　　中村修二的故事并非个案。在杨祖佑 1994 年出任加州大学圣巴巴拉分校校长后聘请的教授中，还有另外 5 人获得了诺贝尔奖。

　　说到这里，"谜底"自然揭开：与其临渊羡鱼，不如退而结网。

　　得人才者得天下。近年来，我国爱才、引才、重才的力度逐年加大，中央推出了"千人计划"，各部门、各单位、各地区也实施了名目繁多的引才、招才项目。但仔细比对杨祖佑校长对待中村修二的做法，我们可能还不乏有待改进之处。

　　比如，一些地方在吸引人才时重名轻实，对有院士头衔和诺贝尔奖名头的，不管对方当下的创新活力如何，一律不惜重金、一路绿灯；对那些名气小、有潜质的"无名小卒"则爱搭不理；

　　又如，一些单位轻诺寡信、重引轻用，跟对方谈时夸下海口、什么条件都答应，来了之后则大打折扣，该兑现的不兑现、该落实的不落实，甚至任其自生自灭；

　　再如，一些部门把引才工作当作面子工程、政绩工程，听上去冠冕堂皇、看上去轰轰烈烈，有"含金量"的举措则语焉不详，口惠而实不至，让引进来的人才大呼"上当"……

　　科学研究需要踏踏实实，来不得半点投机取巧、弄虚作假；招才引才也是一样，应真心诚意、说到做到。如果我们都能像杨祖佑校长那样不拘一格引人才、真心实意待人才、打破常规用人才、不遗余力留人才，只要假以时日，何愁没有重大成果！

（2014 年 10 月 24 日）

别让"帽子"满天飞

"这么多人才计划真的是耽误了科研""搞得原本平静做事的人也不再平静""不要再人为创造不平等了，让学者们静下心来做学术吧!"……本报 2016 年 3 月 28 日"科技视野版"刊发的报道《人才"帽子"这么多结果究竟怎么样》，在科技教育界引发了强烈反响。

的确，全世界恐怕找不出第二个国家，有这么多人才"帽子"：你有"千人"、我有"万人"，你有"长江"、我有"黄河"，你有"青年英才"，我有"香江学者"，你有"青年人才托举工程"、我有"百千万人才工程"……据粗略统计，中央各部门和各省市的"人才计划"，加起来有近百项之多。

不可否认，相关部门和地方出台人才计划对我国的人才引进、培养也发挥了积极作用，其贡献应予充分肯定。但正如网友所说：黑帽子压死人，红帽子多了也会压死人——令人眼花缭乱的"帽子"产生的负面效应也值得警觉。

由于评价指标不合理、许多人才计划在实际评审中"以论文数量论英雄"，科研人员为了抢到"帽子"，就想方设法快发、多发论文，专做那些短平快的跟风式研究；至于所做研究的创新性有多大、能否为国家发展和人类文明做贡献，就无暇顾及了。其结果，就是产生了堆积如山的垃圾论文，而原创性的重大成果则乏善可陈。等到他们抢到各种"帽子"、回过头来再想做真正的科学问题时，要么被国际同行抢了先、错失了良机，要么错过了创新的黄金年龄、有心无力空悲叹。正如有识之士所指出的：满天飞的"帽子"把科研人员的方向导偏了、心思搞乱了，既贻误了科研，又浪费了大量资金、虚度了青春年华！

人才"帽子"满天飞的负面效应还不止于此：加剧了本来就屡禁不止的"拼关系"和浮躁学风，无形中把科研人员划为三六九等、人为制造了隔阂和矛盾，妨碍了平等的学术交流，使追求真理、崇尚创新的科研活动日趋名利化……难怪科教界的有识之士一致呼吁：不能再让五花八门的"帽子"满天飞了！

整治人才"帽子"满天飞的乱象，首先要"正心"。实施人才计划的目的，是从建设创新型国家的大局出发、为具备创新能力和潜力的科研人才提供充足的经费，让他们安安心心、踏踏实实搞创新。如果暗存私心，就会使人才计划异化为显示政绩的工程和谋取权力的手段，势必会导致"帽子"越多越好、名头越大越好、含金量越高越好、潜规则越多越好。

其次，要"务本"。这个"本"，就是人才成长的客观规律和科学研究的自身规律。无论是人才成长还是科学研究，最重要的是心无旁骛、长期积累，最关键的是淡泊名利、回归学术。因此，在实施人才计划时，应真正尊重、遵循这些特点，着眼于为具备创新能力和潜力的科研人员提供持续稳定的经费支持，尽量把"帽子"

45

与待遇、晋级、评奖等非学术因素区隔开来。

再次，要"齐家"。人才"帽子"满天飞的一个重要原因，就是当前与科研相关的政府部门较多。如果每个部门都要搞自己的人才计划，自然避免不了各行其是资助重复、资源浪费。因此，应借鉴此前中央财政科技计划（基金、项目）改革的经验，加强、完善顶层设计，合理统筹各类各种人才计划，该取消的取消、该整合的整合，尽量减量提质。

当然，除了政府部门要正本清源、求真求实外，科研人员也要正确对待"帽子"，不要为了追"帽子"而迷失方向。正如一位网友所说的那样，真理真知重大发明的发现首先最需要的是一颗平静平淡的心。在这方面，屠呦呦先生就是榜样。

（2016 年 3 月 31 日）

顶尖人才滞留海外为哪般

近来，一则关于人才的消息引发关注：中央人才工作协调小组办公室负责人在接受媒体采访时透露，我国流失的顶尖人才数量居世界首位，其中科学和工程领域的海外滞留率平均达87%。

在大力建设创新型国家、实施创新驱动发展战略的大背景下，这则消息自然会触动社会各界的神经：为何有那么多出国留学的科技顶尖人才滞留海外？

这个问题，似可从中国的一句俗话中寻找答案：人往高处走，水往低处流。所谓的"高处"，主要是指良好的工作环境和生活环境。对于高科技人才而言，良好的工作环境尤其重要。

盼望出彩、渴望成功，是每一个人的梦想。对于负笈海外、学有所成的科学家和工程师来说，应该更渴望有一个良好的工作环境，从而更好施展才华、做出更多成果，以不负多年所学、体现自己的人生价值。在人才流动日益全球化的今天，高科技人才希望往"高处"走、愿意留在"高处"，也在情理之中。

因此，面对大量顶尖人才滞留海外的客观现实，与其"望洋兴叹"，不如退而反思：国内环境特别是工作环境，还有哪些不足之处？

工作环境大致可分为两个方面：硬环境和软环境。随着近年来我国研发投入的持续稳定增长，包括仪器设备、薪资待遇在内的"硬件"已改善很多，许多高校和研究所的"硬件"与发达国家相比并不逊色。相比之下，我们亟待改进、提高的，恐怕还是软环境——

国内的职称评审、院士选举等，是否完全体现了学术至上原则？

国内的科研立项和项目评审，是否做到了客观公正？

经费支持是否程序过于繁琐，不利于科研人员潜心研究？

人才引进是否有"政绩工程"的影子？对于极少数"南郭先生"是否把关不严、惩处不力？

又比如，学术民主、科研自由的氛围是否浓厚？枪打出头鸟、同行是冤家的文化糟粕是否依然大行其道？

只要对见诸报端、网络上的意见稍加分析，就不难看出海内外科技人才对改善国内软环境的热盼。

爱国报国，是我国知识分子的优良传统。中华人民共和国成立之初，在物质条件极为匮乏的情况下，钱三强、钱学森、李四光、邓稼先等海外留学人员就克服重重困难、回国效力，极大地推动了新中国科技事业的发展；改革开放至今，陈竺、王晓东、施一公等优秀中青年科学家先后学成回国，在做好自身科研的同时致力于推动体制机制改革。就是留在海外的华人科学家，也大多心系祖国，通过各种方式为国内的科技事业贡献己力。

当前，"科学技术是第一生产力、人才资源是第一资源"已成为共识，看不见硝烟的"人才战争"正在悄然升级。"见贤思齐焉，见不贤而内自省也"，在吸引海外人才回国效力的过程中，除了提供一流的生活待遇、工作平台，更应在深化科技、教育和人才体制机制改革上下真功夫，着力营造让顶尖人才聚精会神、心情舒畅地做科研的软环境。

若能如此，相信会有更多的海外顶尖人才打消顾虑、翩然归来，"顶尖人才流失数量居世界首位"的尴尬也会慢慢成为历史。

（2013 年 6 月 21 日）

海归需要"入乡随俗"吗

进入 21 世纪以来，随着国家对科技事业的日益重视和千人计划等引才措施的实施，越来越多的海外人才归国效力。无论在前沿基础研究领域，还是在先进技术开发方面，海归科学家都为我国的科技事业做出了出色贡献，赢得了普遍赞誉。

然而，笔者也经常听到这样的反映：海归们有一个通病，就是不懂"入乡随俗"的规矩，对看不惯的事情动辄就加以批评。

敢于批评的确是海归们的一大特质。其中的典型代表，就是著名神经生物学家、北京大学生命科学学院教授饶毅。早在 2004 年，他就和中科院院士邹承鲁等在《自然》增刊上刊发文章，认为中国在部署重大科技项目的同时，更要重视解决科技体制中存在的深层次问题。2010 年，他又和清华大学教授施一公在《科学》上发表《中国的科研文化》一文，直陈中国科研体制和科研文化中存在的诸多问题，呼吁尽快推行改革。

包括饶毅在内的海归科学家所批评的，大多是事关国家科技事业发展全局的体制机制问题，以及阻碍创新的文化积弊。"爱之也深，责之也切"，他们之所以对这些问题提出批评，并不是因为自己申请课题不顺利、没有拿到科研经费，而是痛感这些问题严重阻碍了国家的创新步伐、侵蚀了科学文化的健康肌体、制约了年轻人的创新活力。换言之，他们敢于批评，并非为了逐一己之利、求一己之名，完全是出于公心。这种作为所体现的，正是海归科学家们对祖国的赤子之心和知识分子的可贵良知。

其实，对于科技体制机制存在的深层次问题和拉关系、权威崇拜等文化积弊，也是国内有识之士深恶痛绝的。他们之所以不敢像饶毅那样公开批评，不过是因为"人在屋檐下，不得不低头"罢了。

国家大力实施千人计划，除了希望引进大批海外人才回国创新创业，也希望他们能引进先进的理念和做法，保持改革创新的锐气，做教育、科技、人才体制机制的改革者和建设者。海归科学家回国后，不仅大声疾呼、建言献策，而且身体力行，在力所能及的范围内，锐意革故鼎新。比如，王晓东在北京生命科学研究所、饶毅在北京大学生命科学学院、施一公在清华大学生命科学学院，均积极推行人事制度、管理模式、创新文化等方面的改革，取得了积极成效，成为兄弟院所、高校学习的样本。他们的坐言起行，在很大程度上为我国深化科技体制改革发挥了摇旗呐喊、开山探路的作用。

对海归来说，"入乡随俗"没有错，但前提是要看这个"俗"是良俗还是恶俗。如果是前者，自应"顺而随之"；如果是后者，就该"拒而改之"。

（2014 年 6 月 13 日）

四、关于屠呦呦获奖

中华人民共和国 70 年国庆前夕，屠呦呦先生被授予共和国勋章，实至名归、可喜可贺！此前，无论是她荣获 2011 年的美国拉斯克临床医学研究奖，还是 2015 年荣膺诺贝尔生理或医学奖，都创造了中国大陆科学家的"零突破"，为中华民族赢得了荣光。

然而，无论是前者还是后者，所引发的一些议论都令人不安。比如："不能把团队的成果归于一个人"，"把奖颁给她一个人，对项目的其他参与者不公平"。再比如：今后我国诺奖得主将"不再是一个、两个，而是一批"，"在当今我们拥有人才、经费和平台优势的情况下，我们不用怀疑，诺贝尔奖将蜂拥而至"……

如果说"把成果归于一个人是否公平"的质疑是因为国人不太了解国际大奖的评审原则、尚可以理解，那么屠呦呦荣获诺奖后引发的"诺奖猜想"，就有点让人无语了：屠呦呦荣获诺奖这个"零突破"，既没有改变阻碍创新的制度积弊和文化沉疴，也没有提升我国的创新实力——"诺贝尔奖将蜂拥而至"从何说起？

从某种意义上讲，屠呦呦荣获的两个国际大奖就像两面镜子，所折射出来的现象和问题，值得重视。

一人获奖不公平吗

"不能把团队的成果归于一个人";"把奖颁给她一个人,对项目的其他参与者不公平"……自屠呦呦获得美国拉斯克奖2011年度临床医学研究奖以来,类似的言论就不绝于耳。

我们不妨对青蒿素研究的历史稍做梳理:

1967年5月23日,中国政府启动了"523项目",旨在找到克服抗药性的新型抗疟药物。科研人员筛选了4万多种抗疟疾的化合物和中草药,但没有得出令人满意的结果。1969年1月,年轻的实习研究员屠呦呦,以组长的身份加入该项目。经过对200多种中药的380多个提取物筛选,该小组最后把焦点锁定在青蒿上。受东晋葛洪《肘后备急方·治寒热诸疟方》中"青蒿一握,以水二升渍,绞取汁,尽服之"的启发,屠呦呦改用沸点较低的乙醚提取青蒿素。1971年10月4日,她成功得到了青蒿中性提取物"191号样品",该样品对鼠疟、猴疟疟原虫的抑制率为100%。

1972年3月,屠呦呦在南京召开的抗疟药内部会议上首次公开报告的全部内容,引起参会人员的极大兴奋。在这一研究成果的启示、鼓舞下,云南药物所的罗泽渊与山东中医药研究所的魏振兴,也分别提取到含量更高的青蒿素。在此后的临床应用、结构测定和新药研发中,广州中医药大学的李国桥、中科院上海有机化学研究所的周维善、中科院上海药物研究所的李英等也作出了重要贡献。

不难看出，长达 10 多年的青蒿素研究的确是协作攻关的集体结晶。故此，屠呦呦在获奖感言中一再表示："我想这个荣誉不仅仅属于我个人，也属于我们中国科学家群体，""荣誉也不是我个人的，还有我的团队，还有全国的同志们"。

拉斯克评奖委员会之所以把奖杯颁给屠呦呦，所依据的是三个"第一"：第一个把青蒿素带到"523 项目组"，第一个提取出有 100% 抑制率的青蒿素，第一个做了临床实验。

以"第一"论英雄，也是其他国际科学奖项所遵循的共同原则。在历届诺贝尔科学奖中，就不乏这样的例子：2002 年诺贝尔化学奖颁给了提出"测定生物大分子质量原始思想"的日本科学家田中耕一，比他晚一两个月发明更有效的测定方法的德国化学家米夏埃尔·卡拉斯和弗伦茨·希伦坎普只好望洋兴叹；2008 年诺贝尔生理学或医学奖颁给了首次发现"人类免疫缺陷病毒"的法国两位科学家西诺西和蒙塔尼，另一位为"发现人类免疫缺陷病毒"做出重大贡献的美国科学家盖洛则名落孙山；2009 年诺贝尔物理学奖颁给了光纤通信的发明者高锟，而不是后来突破光纤工艺、实现产业化的美国康宁公司与日本仙台大学的学者……

以"第一"论英雄，并不是推崇"个人主义"、否定其他参与者的功劳，而是旨在强调第一发现者在科学研究中独一无二的贡献。在探索未知世界的茫茫黑夜中，是第一个发现者或发明人开启了希望的大门，为后来者找到了通往成功的路径，其地位和作用无可替代。试想，在青蒿素研究中如果不是屠呦呦发现了青蒿素的提取方法，之后的结构测定和药物改良就无从谈起，"东方神药"不知何时才能诞生。

科学研究不是"记工分式"的简单劳动，而是不折不扣的智力冒险。只有尊重"第一"、崇尚"首创"，才能激发更多的勇者不畏艰难，向着光辉的顶点执着攀登。如果在科技奖励中采取"人人有份"的平均主义，不仅不公，而且有害：这样做不仅消解了第一发现者或发明人的价值，也会打击他们的创新积极性，阻碍重大原创成果的产生。

（2011 年 10 月 13 日）

三流条件何以创造一流成果

"在人类的药物史上，我们如此庆祝一项能缓解数亿人疼痛和压力、并挽救上百个国家数百万人生命的发现的机会并不常有"——在2011年拉斯克奖颁奖典礼上，斯坦福大学教授露西·夏皮罗以这样的表述，高度评价青蒿素的发现。

让国际同行感到震惊的是，这一"20世纪下半叶最伟大的医学创举"，却是在极端艰苦的条件下完成的。正如2002年美国《远东经济评论》杂志在《中国革命性的医学发现：青蒿素攻克疟疾》一文中所说的那样："真正让外国同行们刮目相看的是，中国研究人员在进行高尖端的科学实验时，使用的全都是西方国家早就弃之不用的落后仪器。"

据屠呦呦介绍，当年是"要什么没什么，只能买来7个大缸，在几间平房里用土法做提炼"。就是在这样异常落后、极端艰苦的条件下，屠呦呦等年轻的科研人员怀着"为国家做贡献"的激情与梦想，全身心地投入工作，日复一日、年复一年，历经无数次失败，终于研制出挽救了数亿疟疾患者的"东方神药"，赢得了国际社会的尊重。

一位年轻的科研人员在网上留言：向屠呦呦等老一辈科学家致敬！现在的科研条件比以前好多了，可怎么就难得做出世界级的领先成果呢？

他给出的答案是：我们这个年代的科学家大多数都太浮躁了，往往不能静下心来挖掘原创的成果。

这话可谓一语中的。前不久，在第五届"973 计划"专家顾问组成立大会上，荣誉组长周光召坦言：

> 我现在特别担忧的就是急于求成的浮躁状态。有的弄虚作假，有的为追求论文数量而不管质量、效果，结果就是只跟着别人走。由于急于求成、过于浮躁，虽然我国发表的科研论文数量连年递增，跟踪的速度越来越快，但就是缺乏能开辟新领域的重大原创成果。

科技界的浮躁现象之所以难以改变，现行的科技管理体制难辞其咎。比如，科研项目政出多门、申请程序过于复杂繁琐、评估考核过于频繁，导致科研人员把大量精力耗费在申请项目、应付检查上；在考评机制上过分看重论文数量，许多单位还把论文与奖金、晋升等挂钩，致使科研人员只求数量不顾质量，甚至不惜造假。难怪许多科研人员呼吁：尽快改革科技管理体制，给科研腾出一片净土，鼓励年轻人安安心心地做学问！

在期待体制尽快改善、环境及早净化的同时，科研人员也应自励自省，多向屠呦呦等老一辈科学家学习，能抵得住诱惑、耐得住寂寞、坐得住冷板凳，潜心研究、攻坚克难。毕竟，现在的科研条件比当年好了许多；而体制的改革、环境的完善尚需时日——与其临渊羡鱼，不如退而结网。

非宁静无以致远，非淡泊无以明志。北京大学生命科学学院院长饶毅曾就青蒿素的研究历史进行了深入调查，他的这段话意味深长：

青蒿素的科学史在今天最大的启示是"扎实做事"。发现青蒿素的工作不是天才的工作，而是平凡的人通过认真的工作，在条件有限的情况下做出了杰出的成就。

（2011 年 10 月 17 日）

屠呦呦为何落选院士

因为没有博士学位、留洋背景和院士头衔，屠呦呦被戏称为"三无"科学家。无博士学位和留洋背景是历史原因所致，落选院士则值得探究。据了解，前些年屠呦呦曾几次被提名参评院士，但均未当选。

像屠呦呦这样做出国际认可的重大科学贡献而落选院士的，在我国并非个案："杂交水稻之父"袁隆平，比袁隆平晚一年当选美国国家科学院外籍院士的中科院上海系统所研究员李爱珍，享誉海内外的北京大学生命科学学院教授饶毅……

这些人是因为学术水平不高、科学贡献不大而落选院士吗？答案显然不是。从上述几位"落选院士"的治学为人风格中，人们或许能得到一些启示。袁隆平至今仍像面朝黄土背朝天的农民，一年到头大部分时间扎在水田里研究超级水稻；李爱珍数十年如一日待在实验室里搞研究，如果不是因为她当选美国国家科学院外籍院士，恐怕还不为社会所知；屠呦呦除了"不善交际"，还"比较直率，讲真话，不会拍马，比如在会议上、个别谈话也好，她赞同的意见，马上肯定；不赞同的话，就直言相谏，不管对方是老朋友还是领导"（屠呦呦的老同事李连达语）；饶毅则是出了名的"敢讲话"，研究之余还在自己的博客和国内外媒体上撰文，批评中国科技体制的弊端、教授不听讲座的浮躁学风等。

与此形成鲜明对比的是，四川大学副校长魏××、中国农大原校长石××、哈尔滨医科大学校长杨××，虽然因涉嫌学术造假而屡遭检举、质疑，却依然稳坐院士的宝座；相当比例的政府高官和企业高管，顺风顺水地当上了院士，在政、学、商三界呼风唤雨。

作为国家设立的科学技术和工程科学技术方面的"最高学术称号"，两院院士的评选无异于风向标、指挥棒，具有无可替代的引领、示范作用。其评选是否客观、公正，不仅事关院士群体自身的尊严和公信力，更影响着广大科技人员的努力方向和工作热情，甚至影响到了海外留学人员的来去选择。

默默工作、不善交际、敢讲真话、贡献卓著的落选院士，涉嫌造假、擅长公关、有权有钱的却顺利当选、风光无限。两相比照，向社会传递了怎样的信号？给公众留下了怎样的印象？

是该检讨、改进两院院士的评选标准、方法和程序的时候了。

（2011 年 10 月 24 日）

第二个"屠呦呦"何时到来

今后中国"会有更多人不断地获得诺贝尔奖",诺贝尔奖得主将"不再是一个、两个,而是一批";"在当今我们拥有人才、经费和平台优势的情况下,我们不用怀疑,诺贝尔奖将蜂拥而至"……

科技大咖们的这些畅想,听着也是醉了。

屠呦呦先生获诺贝尔奖的"零突破",打破了"中国科学家与诺贝尔奖无缘"的魔咒,极大增强了国人的信心,科技界更是欢欣鼓舞。但畅想归畅想,现实归现实——今后中国的诺贝尔奖会"蜂拥而至"吗?

回顾自 1901 年诺贝尔奖设立至今奖励的众多科技成果,无论是镭的发现还是晶体管的发明,无论是 DNA 序列的测定还是青蒿素的提取,无一不是为人类文明做出重大贡献的原创发现(发明)。诺贝尔奖秉承的两大标准——"原创性"和"对全人类做出重大贡献",从来没有变过。换言之,诺贝尔奖并非高不可攀,但也不是谁想拿就能拿的。

重大原创成果的出现,离不开科学高效的体制机制。屠先生的获奖,并没有消除阻碍创新的体制机制积弊。科技人员申请课题时依然要到处烧香,而且要绞尽脑汁、仔细算计未来 3 年、5 年可能要花的每一笔经费；评选院士期间，许多候选人（单位）依然在费尽心思、动员一切可以动员的力量去"做工作"；各种行政色彩浓厚的考核、评奖和"人才计划"，还在无谓地消耗着科技人员宝贵的科研生命；以论文、数量论英雄的评价机制，仍像无形的鞭子驱使着科技人员想方设法多发论文；论文抄袭依然大行其道，学术打假依然雷声大、雨点小……虽然深化科技体制改革的各项举措已经颁布，但真正落地尚需时日。

屠先生的获奖，并没有改变我国"大多数跟随、极少数领先"的科技现状。虽然近年来我国的科技进展突飞猛进，但别忘了发达国家也在一日千里地发展，国内外一些研究领域的差距还在拉大。基础研究是原始创新的源泉，虽然我国的科技投入已跃居世界第二，但用在基础研究上的经费占比还不到5%，远远不及日本、美国。虽然我国的科技人员有300多万人、位居世界第一，但真正领先世界的领军型人才屈指可数；虽然我们的科研平台鸟枪换炮，但绝大多数先进仪器和实验试剂还依赖进口。

除了"硬件"，科技的繁荣离不开勇于质疑、平等交流、自由探索、积极合作的创新文化。"枪打出头鸟"的古训，"羡慕嫉妒恨"的红眼病，"顺我者昌逆我者亡"的学霸作风，"成者王败者寇"的世俗眼光，无处不在的"院士崇拜"……都在无形中束缚着创新的手脚，抑制着"异想天开"的种子。

科学来不得半点虚假，言过其实的豪言壮语只能自欺欺人，有百害而无一利。如今有实力宣称"有一批科学家获诺贝尔奖"的，

不是中国，而是邻国日本等科技发达的国家。据不完全统计，截至
2015 年，日本已有 24 位科学家获得诺贝尔奖；该国一年同时有两
三位科学家斩获诺贝尔奖，这已经不是什么新闻了。

在诺贝尔奖"零突破"面前，自信应该有，自大要不得。只
有正视差距、直面问题，远离浮躁、脚踏实地，切实革除体制机制
弊端，大力培植健康的创新文化，少做"社会活动家"、多坐科研
冷板凳，中国才有希望早日迎来第二、第三乃至更多个"屠呦
呦"，逐步缩小与日本等发达国家的差距。

（2015 年 10 月 19 日）

五、关于两院院士

在从事科技报道之前，两院院士（中国科学院院士、中国工程院院士）一直让我高山仰止。在做了几年科技报道、耳闻目睹了一些事情之后，我逐渐意识到：实际情况远比我想象的复杂。

毋庸置疑，两院院士为我国的科技事业做出了不可磨灭的巨大贡献，其中不乏德才兼备、令人尊敬的科学家。与此同时，少数院士的不良言行和院士遴选过程中暴露出的一些问题，也引起社会各界的警觉。2014年6月举行的两院院士大会，开启了院士制度改革的大幕。

吾爱院士，吾更爱科学。两院院士位居科技"金字塔"的塔尖，其影响力非同一般。两院院士发挥的作用如何、院士制度科学与否，事关我国科技事业的健康发展。

警惕院士信誉危机

年末岁尾，相继揭晓的两院院士评选结果，让人眼睛一亮：中国科学院和中国工程院新当选的院士人数均较以往减少一半左右，分别缩至 29 名和 33 名，创下了院士增选制度化 10 余年来的最低纪录。

之所以会创下历史最低纪录，是因为实行了更高的标准。就拿中科院院士增选来说，2007 年的评选标准是 1991 年院士增选制度化以来最严格的一次：得票标准由最初的"二分之一"提高到"三分之二"，公示范围首次由原来本单位的有效候选人扩大到"相同专业的外单位的其他有效候选人"，接受投诉的时间也由原来的一个月延长到两个月。如此一来，标准上去了，人数自然就下来了。

这"一高"与"一低"、"一上"与"一下"，无疑是两院对社会改革院士评选制度呼声的积极回应。近年来，受社会浮躁心态和不正之风的影响，极少数院士的言行失范，甚至异化为"学术贵族"和一些单位、地方沽名钓誉、谋取不正当利益的工具，广受社会诟病。一方面，提高院士的整体质量，维护院士的集体声誉，入口关能否把严、把好，至关重要；同时，每两年一次的院士增选也是对现有院士队伍水平和科学道德的一次检验，能否公平、公正地遴选出品学兼优的新院士,自然备受瞩目。此次两院高标准把关,把那些尚未达到院士水准的候选人拒之门外,传递出科技界的最高权威机关惩治学术不端行为、整饬学术腐败现象的决心,也彰显了他们求真务实的作风,为科学界吹来了一股清风。

当然,院士当选以后还会面临这样那样的诱惑,能否洁身自好还有待时间的考验。作为国家赋予科技工作者的最高荣誉称号,院士不仅代表了各自领域内的学术水平,也应该是遵守科学道德的楷模、弘扬科学精神的典范,相信新当选的院士们会同绝大多数老院士们一样,自重、自爱、自律,"出淤泥而不染,濯清涟而不妖"。

不容忽视的是,近年来之所以会出现院士信誉危机,有其复杂的社会根源。一些省市和高校、研究院所竞相用科研启动费、安家费、高额年薪、住房等来争夺院士,装点门面,以显示"政绩"和"实力",导致"共享院士""双聘院士"和"兼职院士"等屡见不鲜;一些政府部门或机构举办咨询会、项目论证会,都要力邀院士出面;一些重点科技项目的立项、审批、运作,也要借院士的声威;国家各种基金项目的评审、各种科学成果评奖、评价,更是想方设法请院士捧场。如果不铲除滋生腐败的社会土壤,如果不去掉种种不正常的"高附加值",院士异化现象恐怕难以根绝。

(2008 年 1 月 3 日)

院士富豪怎么看

最近，一则有关院士的新闻吸引了众多眼球：以岭药业 7 月 19 日在深市中小板发行，身为中国工程院院士的公司创始人、董事长吴以岭个人身价逼近 50 亿元，成为 A 股的"院士首富"。

其实，院士、教授跻身"富豪俱乐部"，已不是什么新闻。早在 11 年前，种业公司隆平高科上市后，作为名誉董事长、公司前十大流通股东的袁隆平院士持股市值攀升至 1.24 亿元，成为 A 股首位"院士富豪"。2006 年，在中小板上市的山河智能董事长兼总经理何清华是中南大学教授，2009 年上市的首批创业板公司机器人总裁曲道奎是博士生导师，2010 年 8 月上市的尤洛卡董事长兼总经理黄自伟是山东科技大学教授；此外，联想集团董事局主席柳传志，原是中科院计算所的科研人员；清华同方总裁陆致成，是清华大学教授……

如何看待"教授、院士成富豪"现象？社会上褒贬不一。支持者认为，这是"知识创造财富"的成功案例，值得鼓励；反对者认为，教授、院士就应该甘守清贫、潜心科研与教学，不该"不务正业"。

笔者赞同浙江大学管理学院教授姚铮的观点："院士富豪""教授富豪"的出现是个正常现象，而且是个好现象。

　　回顾历史就不难发现，"院士富豪""教授富豪"是科技转化为现实生产力、与经济深度融合的必然结果。改革开放之前，我国的科研活动，不管是基础研究还是应用技术开发，绝大部分集中在科研院所和高校，与实际生产严重脱节。为解决"科研、经济两张皮"现象，国家开展了大刀阔斧的科研体制改革，鼓励从事应用技术开发、有志于成果转化的科研人员、教授走出高墙大院，或深入企业，或自办公司，为经济建设服务。吴以岭、柳传志、陆致成等作为其中的佼佼者，用自己掌握的技术研发新产品，历经艰辛，既创造了可观的社会财富，也提高了我国产业的竞争力，为打造民族品牌做出了卓越贡献。随着他们创办的企业成功上市，这批科研人员"身价倍增"，自然在情理之中。

　　从现实的角度看，"院士富豪""教授富豪"的增加，对于改善我国的企业家生态，引导健康的社会心态，不无裨益。翻看名号不一的"富豪榜"就不难发现，此前榜上有名的富豪，多为地产商、煤老板、酒老板、歌星、影星等。其中许多人晒豪比阔的生活做派，不仅损害了"成功人士"的正面形象，助长了社会的不良风气，而且误导了广大青少年。反观袁隆平、柳传志、吴以岭等科技型富豪，或者不改本色、视富贵如浮云，或者急公好义、扶助后起的创新创业者，或者继续潜心研发、做强做大、奋斗不止……他们以自己的实际行动，树立了"君子爱财、取之有道"和"富而仁"的成功样板，必将激励更多年轻人用知识创造财富、靠创新创造价值。

　　当然，说"院士富豪""教授富豪"是个好现象，并不是鼓励所有的科研人员和教授都去创业当老板。毕竟人有短长、业有专攻，从事基础研究的似乎不宜"这山望着那山高"，擅长教学的也大可不必见异思迁。此外，谁也没有三头六臂，如果时间没那么富余、精力没那么充沛，还是安安心心做好本行为好；自不量力地见异思迁，于私于公不见得是好事。

　　　　　　　　　　　　　　　　　　　　（2011 年 7 月 25 日）

让高官与院士各走各道

前不久中国工程院公布的增选院士名单，让许多人松了一口气：在新当选的 54 名院士中，在职和卸任的政府高官全部落选，企业高管也仅存 3 人。而在今年 5 月公示的工程院首轮有效候选人名单中，政府高官和企业高管竟多达 44 人，引发了公众的普遍质疑。

在众多的反对声中，也有人站出来为高官、高管们鸣不平：许多高官和高管是"学而优则仕""学而优则商"，他们此前曾在工程科技领域做出过重大贡献，把他们拒之门外有违公平。

这样的申诉貌似有理，仔细想来却值得商榷。

中国工程院是中国工程科学技术界的最高荣誉性、咨询性学术机构，工程院院士是国家设立的工程科学技术方面的最高学术称号；无论是工程院还是工程院院士，其最重要、最本质的属性是"学术"，而非"管理"。国家设立工程院的最主要目的，是为了更好地汇集学术界的优秀人才，为国家的科技发展出谋划策、提供高质量的咨询服务；每两年增选一次院士的目的，固然一方面是认可他们过去取得的成就，但更重要的是鼓励他们再接再厉，在科技研发上更上一层楼。高官也好，高管也罢，无论此前的学术做得多么优秀，但既然已经弃学为官、为管，绝大部分的时间和精力势必会花在管理上，不可能再把做科技当作自己的主攻方向，也很难再做出多大的学术成果。更何况，"在官言官、在商言商"，既然做了政府高官和企业高管，衡量其优秀与否的标准，当然是政绩和业绩，而非学术成果。因此，当了高官、高管之后还要挤破脑袋去参选竞争异常激烈的院士，既与国家设立工程院、增选院士的初衷相悖，更有违从政、从商的职责和本分。

我国的学术生态本来就不健康，特别是在学术行政化、利益化愈演愈烈的现实环境下，高官、高管角逐院士头衔，很可能会助长本已不良的学术作风。近年来，虽然工程院多次严格要求广大院士抵制助选贿选、拉关系、请客送礼、包装成果等歪门邪道，但在评选过程中依然屡禁不止，如果再加上权力和金钱助阵，"公正、公平"就更难得到保障。

在竞争日益国际化、白热化的当今世界，学界也罢、政界也罢、商界也罢，一心一意、全力打拼还不见得有所建树，更何况一心两想、一身多栖？既然弃学从政、弃学经商，就应全心全意干好该干的主业、正业，不该再"身在曹营心在汉""这山望着那山高"。

正如有识之士所言：只有厘清学界、政界和商界的分野，杜绝权势和金钱对学术的侵染，让学术回归学术，才能确保院士增选的公平与公正，净化科技殿堂和学术风气。希望中国工程院能顶住压力、顺应民意，让院士增选的去官（管）化成为常态。

（2011 年 12 月 29 日）

71

院士代表"最高学术水平"吗

　　无论是《中科院院士章程》还是《中国工程院院士章程》，都把院士界定为科学技术和工程科学技术方面的"最高学术称号"。因此，在绝大多数人的心目中，中国科学院和中国工程院院士无疑代表了我国科学技术界的最高水平，每一位院士也都是所在领域的学术权威。久而久之，院士就成了"最高学术水平"的代名词。

　　然而，在前不久举行的新当选院士证书颁发仪式暨座谈会上，中科院院长白春礼的一番话，却让人耳目一新：获得院士荣誉称号仅仅意味着既往的学术成绩和贡献得到认可，但科学探索和创新之路永无止境，最高学术称号并不能与最高学术水平直接画等号。我们对此要保持清醒的头脑，要深刻认识到院士是科技界一员，千万不要自我陶醉，更不能以权威自居。

　　仔细想来，白春礼院长的这番话，是实事求是的"大实话"。

　　首先，评选院士的依据，是该科学家过去（多为青壮年时期）所取得的成果，而非其当下的学术水平。当今世界，科学发现和技术创新更是日新月异，由于年龄的增长、精力的衰减，任何科学家都很难长期与科技进步的步伐并驾齐驱，更不可能"永立潮头"。科学家被评为院士，已经是他们获得最佳学术成果几年、十几年甚至几十年之后的事情，自然已很难再言"代表当前的最高学术水平"。

其次，从我国院士的年龄结构来看，也不难理解为什么"最高学术称号并不能与最高学术水平直接画等号"。据统计，中国工程院院士的平均年龄为 73 岁；中科院院士的平均年龄，也高达 72 岁。科学家固然不能以年龄论英雄，但年龄却是从事科学研究和技术开发必须考虑的重要因素。科学研究表明，25—40 岁是人生体力和脑力的黄金时期，是最具创造力和最可能出杰出成果的时期。统计结果显示，20 世纪的 100 年中，诺贝尔物理学奖获得者共 159 人次，他们做出自己的代表性工作的年龄分布为：30 岁以下的占 29%，30—40 岁的占 67%，40 岁以上的仅占 3%。

因此，把院士与最高学术水平直接画等号，既与客观事实不符，也有违科学自身的发展规律。由是观之，就会发现时下的许多做法，实在是很不靠谱：科研立项必须要有院士牵头，否则就不够权威；申请课题必须要有院士领衔，否则就难以通过评审；成果鉴定如果没有院士主持，就变得"没有档次"；学术会议如果没有院士坐主席台，规格就不高；许多大学把拥有多少院士当作炫耀的资本、吸引生源的招牌，一些地方甚至把"填补本地区院士空白"当作衡量官员"科技政绩"的重要指标……

院士既不是职称，也不是职务，只是一个荣誉称号；当选院士，仅仅意味着对既往学术成就的认可。科学探索和创新永无止境，如果院士俨然成为最高学术水平代表、不容置疑的学术权威，这样既阻碍了科技事业的健康发展，更严重挤压了青年科技人员成长的空间。

　　科学研究没有"最高"，只有"更高"；科技创新不是迷信权威，而是要打破权威。消除盲目的院士崇拜，恐怕要在"最高学术称号并不能与最高学术水平直接画等号"的共识基础上，三管齐下：有关部门在分配科研资源时改变"院士优先"的陈规，让更多虽无院士之名却有院士之实的优秀青年科学家参与立项、评审；社会公众对院士崇尚而不崇拜、尊重而不盲从；院士们宜自珍自律，不以权威自居，干所长之事，尽应尽之责。

（2012年1月9日）

名校校长非院士不可?

前不久,陈吉宁就任清华大学校长,在社会上激起了小小的波澜:他非常年轻(只有 48 岁),既不是中科院院士,也不是工程院院士。

虽然没有"名校校长必须是院士"的明文规定,但人们的脑海里越来越形成一种思维定势:名牌大学的校长,好像只有院士才能胜任。而近些年来的名校校长人选,也似乎有这样的趋势:北大、复旦、浙大、兰大、北航、中科大、上海交大等名校的现任校长,都是院士;北理工的校长也是在任职后不久就当选为两院院士。于是乎,一旦某所知名大学的新任校长没有院士头衔,许多人免不了要打个问号:不是院士,能胜任校长吗?

这样的顾虑大可不必。院士与校长各有其责、各有所长,两者之间并不存在必然联系。院士作为我国科学技术界的佼佼者,其职责是在自己的研究领域作出杰出的学术贡献,其长处在于科研和学术,而非领导能力和管理水平;大学校长的职责是处理学校行政事务、领导学校全面发展,其选拔标准是领导能力和管理水平,而非学问做得多么优秀。换句话说,院士是学有专长、业有专攻的专家,校长则是协调各方、服务全校的管家。

固然，大学是做学问、教学生的地方，毕竟事关学问，作为一校之长应当有相当的学术背景、懂得为学之道。但是，学术背景只是必要条件，而非充分条件，更不是学问越大越好、名头越响越好，更不是除了院士不行。从这个意义上讲，非院士的陈吉宁执掌清华，并无不妥。正如该校学术委员会主任钱易院士所说，他有三方面素质可以胜任校长：首先，清华作为一个综合性大学，需要文、理、工、医、社会科学等全面提高，而陈吉宁在清华工作多年的经历和阅历，意味着他有这个全局观；其二，作为清华校长，必须有很强的和各方面人物打交道的能力，而他的交流能力也很强，有很好的人缘；其三，清华校长也应该有很强的业务能力，陈吉宁一直对从事的环境治理领域有很新的观念，也一直坚持带研究生。

其实，做研究和搞管理是两条道儿、两股劲儿，学问做得好并不等于管理搞得好，反之亦然。国外优秀的科学家，绝大多数是"一条道走到黑"，毕生精力做学问，最终成就斐然、贡献卓著；即便是擅长管理的科学家去做院长、校长，也往往是在其科研黄金期之后。

令人遗憾的是，近年来我国"学而优则仕"的事情屡见不鲜，许多刚刚在学术上有所建树的中青年科学家，就被"提拔"去做院长、当校长；在名校校长人选上，更是出现了"非院士不可"的非理性倾向。已有不少实例证明，这种形而上学的做法无异于刻舟求剑，其结果往往是"孙权嫁妹——赔了夫人又折兵"，让有识之士痛心不已。

"校长不过是率领职工给教授搬搬椅子凳子的"——清华大学老校长、教育家梅贻琦的这句话，言简意深、发人深省。

（2012 年 3 月 19 日）

请不要叫我院士

两年前，我的几位媒体同仁一起采访国际著名植物生物学家、美国科学院院士朱健康。当大家纷纷以"朱院士"相称时，他连连摆手："请不要叫我院士，直接叫名字好了。"

这句话给我留下了深刻的印象。当时，我认为朱健康婉拒"院士"称呼是因为他本人太谦虚，后来才逐渐了解到：在欧美国家，院士仅仅是个荣誉称号，无论是学术活动还是其他社交场合，并不把"院士"作为称呼公开使用，也不会把"院士"印到名片上。

反观我国，"院士"则变得像某种职务或职称，成了习以为常的正式称谓。不管什么场合，只要有院士参加，主持人都要特别介绍某某是"中科院院士"或者"中国工程院院士"，否则就好像对他（她）不尊重；就是记者写科技类的稿子，也要想方设法找个院士"一锤定音"，否则就担心不够权威。

仔细想来，这种"言必称院士"的深层次原因，可能是误把院士这个"最高学术称号"等同于"最高学术水平"。其实，评选院士所依据的，是其以往的学术水平和科技贡献。正如中科院院长白春礼所言：获得院士荣誉称号仅仅意味着既往的学术成绩和贡献得到认可，但科学探索和创新之路永无止境，最高学术称号并不能

78

与最高学术水平直接画等号。

尽管如此，在现实生活中，院士还是被有意无意地视作"最高学术权威"，以至于"院士崇拜"无所不在：科研立项必须要有院士牵头，否则就不够权威；申请课题必须要有院士领衔，否则就可能被"拿下"；成果鉴定如果没有院士主持，就会被认为"没有档次"；学术会议如果没有院士坐主席台，规格就上不去；大学校长如果不是院士，学校的水准就会下降。许多大学、科研单位和企业更是把"拥有多少院士"当成炫耀的资本，一些地方甚至把"填补本地区院士空白"当作衡量官员"科技政绩"的重要指标……

正是这种认识上的误区和行动上的误导，让院士这个既非职称、更非职务的荣誉称号日益功利化，加剧了院士增选的暗箱操作，既损害了院士群体的声誉和尊严，也破坏了"学术平等""百家争鸣"的创新生态，还在很大程度上挤占了青年人才的成长空间，对国家科技事业的健康发展极为不利。

中央之所以力推院士制度改革，旨在使院士称号回归学术性、荣誉性的本质定位，以更好地发现、培养拔尖人才，更好地激发整个科技战线和全社会的创新创造活力。这一目标能否实现，既有赖于各项制度的改进、完善，也离不开理性、健康的"院士文化"。如果不能从认识上正本清源、不能在行动上改弦更张，任"院士崇拜"继续泛滥，恐怕改革的道路会很艰难，其成效也会大打折扣。

（2013 年 7 月 2 日）

该推行院士退休制了

据媒体报道，88岁的知名历史学家、华中师范大学原校长章开沅，前不久终于获得学校同意，辞去"资深教授"的头衔和所有待遇。在对章先生的"自我革命"肃然起敬的同时，也让人深切感受到：是推行院士退休制度的时候了。

在我国学术界，章开沅先生并不是辞去"院士待遇"的第一人。院士、资深教授是荣誉性质的学术称号，本不该有"退休"一说。这些院士（学者）为何主动请辞、请退，并且在社会上引发强烈反响？其深层次原因在于：院士等最高学术称号已被利益化，如不及时进行改革，将日益背离设立院士制度的初衷、阻碍科学文化事业健康发展。

科学研究既是脑力活儿又是体力活儿，精力充沛的青壮年应是科研的主力军。然而，由于历史原因，我国院士老龄化非常严重。据统计，中国科学院和中国工程院的院士，平均年龄均超过70岁。

虽然两院院士章程中没有"终身工作"的规定，但在现实层面，一旦当上院士，不管年龄多大、身体状况如何，就可以一直工作下去。更为严重的是，一旦当上院士，不仅各种待遇、好处会纷至沓来，而且在项目评审、经费申请、成果鉴定等方面拥有特殊的话语权。普遍存在的"院士通吃"现象，使创新能力强、申请经费困难的青年科研人员的生存空间和上升空间被严重挤压。

能拿经费的不出活儿、能出活儿的拿不到经费——如果长此以往，中国的科技事业岂不危乎？为此，党的十八届三中全会做出果断部署："改革院士遴选和管理体制，优化学科布局，提高中青年人才比例，实行院士退休和退出制度"。

正如请辞退休的工程院院士秦伯益所说：

> 我们的"院士"称号上凝聚着无数同事们的辛勤劳动，凝聚着我们民族的希望。我们不可能永葆青春，但我们必须永保清白。

人们期待着，有更多"章先生""秦先生"挺身而出，"自我革命"、打破"围墙"；同时，更期待有关部门尽快出台实施细则，把中央的院士制度改革部署落到实处，使人才评价、项目管理和经费申请机制更为合理、高效，让"年轻、新鲜、有朝气的面孔"能够早日尽情"呼吸"。如此，则年轻的科研人员幸甚，中国的科技发展幸甚！

（2014 年 4 月 1 日）

院士退休为何难

备受关注的院士退休问题，终于有了明确的说法。日前有媒体报道，中央已批准院士退休的改革方案，除参与国家重大项目的可延长到 75 岁外，其余院士一律 70 岁从工作单位退休。

消息一出，立即在科技界引发热烈反响。许多网友慨叹：院士退休这一老大难问题终于有解了！

院士退休有这么难吗？事实上的确大不易。2013 年 11 月，年满 80 岁的中国工程院院士沈国舫，向工作了一辈子的中国林业大学表达了退休的意思，结果被校领导婉拒。单位不让年长院士退休并非个案。据报道，在两院院士中唯一一位获准退休的院士，是中国军事医学院原副院长、中国工程院院士秦伯益。他能在 70 多岁时实现退休的夙愿，还是多次打报告后经中央军委特批的。

院士退休为何这么难？表面原因是我国一直没有院士退休的明文规定，深层原因则是院士头衔的严重利益化。

本来，院士只是荣誉性的学术称号，院士制度中并没有赋予院士特权。但是，由于根深蒂固的"最高学术称号等于最高学术权威"的院士崇拜，加上在科技经费分配、重大课题立项、科技成果鉴定，以及科技奖励评选、科技规划制定、学科与机构评议等科技活动中，形成了"非院士不可"的潜规则。错误的观念和错误的做法，使院士在学术资源占有和分配上获得了话语权和优先权，学术称号与个人利益、单位利益"融为一体"。如此一来，不仅没有院士的单位不惜重金"诚聘"院士，有院士的单位也借口"院士退休没有明文规定"婉拒其退休。其实，他们恐怕并不是真指望年事已高的院士亲自上阵或者带队攻关，只不过是想借"院士"这个头衔为单位争取更多利益罢了。

院士是人不是神，年老体弱、创新力下降是不以人的意志为转移的自然规律。长期从事科学史研究的上海交通大学教授李侠指出，38—45 岁是科学家最具创造力的工作峰值年龄段；过了这一年龄段，科研能力会逐渐衰减，70 岁之后就很难再"创造奇迹"了。特别需要注意的是，由于特定的历史原因，我国院士的老龄化问题尤其突出。据统计，现有院士的年龄主要集中在 70—89 岁之间，40—49 岁年龄段的院士比例非常低；在中国科学院院士中，年龄在 70—79 岁的占到四成以上，中国工程院院士的平均年龄则超过 74 岁。

可见，让年事已高的院士"活到老、干到老"，不仅浪费了有限的科技资源、挤压了年轻科技人员的成长空间，还加剧了院士头衔的利益化，破坏了正常的学术生态，其弊端不可谓不大。

对于院士退休，科技界早有呼声。2013 年 11 月公布的《中共中央关于全面深化改革若干重大问题的决定》中，明确要求"实行院士退休制度"。

可以期待的是，随着院士退休新规的实施，一大批年事已高的院士将会名正言顺地退居二线。这不仅会给年富力强的青年科技人员腾出更多科技资源、更大发展空间，也有助于根治院士头衔利益化的顽疾，重构健康的学术生态。

当然，让院士真正回归学术本位，除了退休年龄一刀切等刚性制度约束，还应在纠正"最高学术称号等于最高学术权威"的错误认识和"非院士不可"的错误做法上下大功夫。

（2015 年 3 月 23 日）

"院士崇拜"要不得

近日，中国工程院和中国科学院先后公布了 2017 年增选的院士名单。在向"新科"院士表示祝贺的同时，也须警惕另外一种倾向——"院士崇拜"。

现实中，"院士崇拜"现象屡见不鲜：科技规划院士牵头才够权威，项目评估院士主持才有权威，会议没有院士出席就不上档次，学术讲座院士要坐第一排……更令人担忧的是，在一些地方的招才引智工作中，"院士崇拜"现象更为突出：凡有院士头衔的就身价倍增，支持经费动辄上千万元；某沿海城市高调推出"国际院士港"，还宣称要推动成立"中国院士节"；某内陆省份高规格举办"院士联谊会"，重奖在国家科技奖评选和院士增选中作出贡献的院士……

"院士崇拜"的根源，主要有二：

一是错把院士这一"最高学术称号"等同于"最高学术权威"，认为院士就是"最高学术水平"的化身。其实，实际情况并非如此。大家都知道，评选院士依据的是候选者过去的科技成果和社会贡献，而非当前的学术水平。以今年新当选的工程院院士为例，最小年龄 49 岁，最大年龄 67 岁，平均年龄 56.37 岁。也就是说，大多数新当选的院士已过了创新的黄金期，有些人已离开创新一线多年。特别是，如今知识更新和技术迭代可谓一日千里，其速度之快超过以往，那些高龄科学家很难再"与时俱进"。

特别是，随着我国科技事业的快速发展，优秀中青年科学家的数量比以前增加了很多，同一个研究领域水平不相上下的科学家往往有好几位。由于增选的院士名额非常有限，选上的固然很优秀，但落选的不见得不出色——原来水平相当的科学家，怎么可能因为一评上院士就水平大涨、一跃成为"最高学术权威"了呢？

二是企图借重院士的影响力和话语权，走所谓的"院士路线"。目前院士在课题立项、项目评审、成果评估、科技奖励、院士评选等学术活动中，依然拥有不可替代的话语权，是名副其实的"稀缺资源"；各部门、各地方和高校研究所之所以千方百计推荐、助选、引进院士，无非是借"培养引进高层次人才"之名，行"争夺科研资源"之实。

针对五花八门的"院士异化"怪现象，几年前中央做出了改革院士制度的重大举措，其核心就是去行政化、利益化，让院士称号回归学术性、荣誉性本质，从而营造自由平等、公平竞争的学术生态，为年富力强的中青年才俊甩开膀子加油干腾出空间。因此，"院士港"也罢、"院士联谊会"也好，这种"院士路线"无异于逆历史潮流、与中央的改革唱对台戏。

科技的生命在于创新，创新的本质是颠覆以往、推陈出新。对于创新来说，学术平等、百家争鸣像水和空气一样重要。在各类科技活动中，听取院士的意见没有错，但切不可搞"院士一言堂"。

如果一味崇拜院士、"惟院士马首是瞻",何来挑战权威、独立思考、标新立异?院士崇拜的后果,不仅会助长重名轻实的错误倾向、挤压年轻人的成长空间,而且将扼杀自由探索、平等交流的学术氛围。

作为对我国科技事业作出重要贡献的科学家群体,尊重院士理所当然,但"院士崇拜"就要不得了。早在 2011 年,时年 73 岁的中国工程院院士巴德年就曾在天津医科大学 60 周年校庆学术论坛上谆谆告诫:世人应该尊重院士、尊重学术,但不应过度追捧院士头衔。

消除院士崇拜,相关部门负有不可推卸的责任。在各类科技活动中,应当打破"凡事必由院士牵头"的陈规,实事求是、不拘一格用人才,多让身处一线的优秀中青年科学家参与科技规划、项目评审和成果评估等。对于那些借院士之名搞政绩、造噱头、谋资源的错误做法,应当坚决抵制,而不是视而不见、装聋作哑。

(2017 年 11 月 28 日)

六、关于科技传播

　　"科技创新、科学普及是实现创新发展的两翼，要把科学普及放在与科技创新同等重要的位置。没有全民科学素质普遍提高，就难以建立起宏大的高素质创新大军，难以实现科技成果快速转化。"习近平总书记在 2016 年"科技三会"（全国科技创新大会、两院院士大会、中国科协第九次全国代表大会）上的这一论述，深刻阐释了科学普及或科学传播的重要意义。

　　近些年来，包括科技报道和各种形式的知识普及在内的科学传播得到前所未有的加强，形势令人鼓舞。与此同时，科学传播中存在的一些的现象，也不容忽视。比如，动辄给某位科学家戴上"×××之父"的帽子，"自嗨式"的"吓尿体"大行其道，只见树木、不见森林的"世界第一"屡见不鲜……等等。

　　如果说科技创新是探索未知、发明新技术的"先锋队"，科学传播就是播撒知识种子和科学精神的"播种机"。"差之毫厘谬以千里"，背离实事求是原则的科学传播，其危害可能不亚于阻碍科技创新的制度顽疾。

揭开转基因的神秘面纱

恐怕没有哪一种新技术，像转基因这样遭受公众的质疑。特别是前不久主管部门为我国科学家培育的转基因抗虫水稻"华恢1号"和"Bt汕优63"发放安全证书之后，公众围绕"转基因食品是否安全"展开了一场论战。

公众为何对转基因有这么多疑问和担心？一个重要原因，就是绝大多数普通大众对转基因还是知之不多、甚至全然不知的高新科技东西，超出了以往的经验常识所能理解、判断的范围。

其实，公众对转基因的质疑和担心，在科学技术相对发达的西方国家同样存在。早在2000年上半年，经合组织发表的调查报告指出，各国在批准某转基因产品投放市场前已经对其可能产生的不良影响进行了充分研究，全世界目前投放市场的转基因产品均是安全卫生的，对环境和人体无害。该组织生物科学负责人彼得·卡恩斯表示，现在社会上对转基因产品有一种歪曲的理解，许多人对转基因产品的安全不放心，这主要是对公众进行转基因产品知识介绍不够造成的，提出要加强对转基因产品的科普宣传。

2001年7月，为消除本国公众对转基因植物、转基因食品的疑虑，法国政府研究部综合5家从事生物技术研究的国家级科研机构专家提供的信息，出版了一本关于转基因技术研究要点的科普读物《转基因技术研究的重要性》。这本印刷精美、图文并茂的小册子，不仅分发到从事生命科学和地球科学研究的人员手中，还提供给图书馆、大学和中小学以及各级政府机构，向公众提供了准确、全面的科学信息，以使人们能够科学、全面和公正地认识转基因技术，正确看待转基因作物和食品对社会、环境和人类健康等的贡献。

反观我国，迄今为止还罕有类似的转基因科普读物面市。科普宣传之所以滞后，固然有转基因技术比较复杂深奥、科学家忙于研究、考评体系偏重论文等客观原因，但恐怕也与科学家认为科普是"小儿科"、有关部门漠视公众的知情权有关。殊不知，科学知识的普及与科学研究本身一样重要、一样有价值，科学界负有科普大众的天然使命。就主管部门来说，对事关公众切实利益的重大科研课题及时、客观地广而告之，也是其应当承担的职责。

当然，近年来科学家和有关部门在转基因问题上也做了一些科普工作。但令人遗憾的是，这些工作基本上属于"辟谣式""说教式"的信息灌输，收效不大。由于此前缺乏细水长流、润物无声的知识传播基础，一方面公众难以判断流言的真伪，另一方面也让权威部门的权威大打折扣。正如有论者指出的那样：目前关于转基因的讨论，已经不是科学上的专业问题，而是一个"内行"与"外行"沟通的问题。"内行"有必要放下身段，用通俗的语言、易懂的方式进行讲解，让"外行"听得懂、看得清。

无知滋生疑虑，神秘引发恐惧。当转基因的神秘面纱被揭开、公众对它有了充分的了解和知情权之后，疑虑、担心和不满应该会慢慢消散。

（2010 年 3 月 29 日）

还有多少"×× 之父"

采访荣获 2010 年度国家最高科技奖的师昌绪先生已经是 20 多天以前的事了，但其中的一个细节至今还在我的脑海徘徊。

那天上午采访快结束的时候，有记者问师先生："称您为'高温合金之父'可以吗？"

"这个不对，因为国外早就有人研制高温合金了。"师先生断然否定。

"'中国的高温合金之父'总可以吧？"

"中国的也不对，因为国内也有比我早的，只能说我做过比较重要的贡献。"他纠正说。

师先生严谨求实的作风，令在场的记者肃然起敬。

诚如钱学森先生生前反复强调的，中国的原子弹、氢弹、导弹、卫星等举世瞩目的成就，是几千名科学技术专家通力合作的成果，不是哪一个科学家的独立创造。由此可见，"××之父"的说法，本身就不够科学，有违实事求是的基本原则。

令人遗憾的是，"××之父"之类的高帽，至今还在满天飞。其中让许多业内人士腹诽的，就是"嫦娥之父"。众所周知，领衔"嫦娥一号"工程的科学家共有三位，分别是工程总指挥栾恩杰、总设计师孙家栋和月球科学应用首席科学家欧阳自远。因此，即使有所谓的"嫦娥之父",那也应该是三位,而不是其中的某一位。但令人费解的是,自"嫦娥一号"成功发射至今,上述三位科学家中的某一位就一直独享"嫦娥之父"的美誉,而且屡屡用在各种场合、时常见诸新闻报道。

就说去年因雇凶伤人而获罪的肖传国吧,此前他一直自诩为"973项目首席科学家",而据科技部的声明,国家重点基础研究计划(973计划)的研究项目有很多,因此并不存在笼统的"973首席科学家",只有某个项目的"首席科学家";即使是某个项目的"首席科学家",也只是项目执行期间的负责人,而非终身荣誉,项目一旦结束,就不再有什么"首席科学家"了。事实上,肖传国作为首席科学家承担的973计划"神经损伤修复和功能重建的应用基础研究"项目,早在2008年11月就结项了,此后他再未承担任何973计划项目。然而,肖传国"973项目首席科学家"的桂冠,一直戴到了科技部2010年10月出面澄清为止。

实事求是是做任何工作的基本原则,科学研究尤其需要坚守这一原则;科学家更应尊重事实、洁身自爱,对不符合事实的各种桂冠主动请辞,不该来者不拒、常戴不让。

当然,"××之父""首席科学家"之所以满天飞,除了少数科学家的虚荣心作怪,也与有关部门、单位的管理不到位和媒体记者的作风不严谨大有关系。特别是一些媒体记者为了吸引眼球、提高收视率,动辄给采访对象戴上诸如"××之父""首席科学家"

之类的高帽子，好像非如此不能彰显报道的分量。殊不知，这样做的结果，不仅违背了事实、误导了公众，而且也容易影响采访对象的声誉。

（2011 年 1 月 31 日）

少讲些"像什么"，多讲些"为什么"

　　暑期来临，许多家长计划带孩子到大江南北的风景名胜区放松身心、开阔眼界、增长见识。说起旅游，许多人可能对这一现象并不陌生：面对名胜景区内的奇林怪石、花草树木，导游们往往热衷于讲某座山"像一头狮子"、某些树"像一对夫妻"之类；当被问起"这座山是怎么形成的""那棵树有什么特点"等自然属性时，导游则一脸茫然。

　　唐代诗人杜甫在其名作《望岳》中，有一句"造化钟神秀"，是说大自然对泰山情有独钟，把那么多神奇、灵秀的景物都集中到它身上了。引申开来讲，风景名胜区的奇林怪石、花草树木、虫鱼鸟兽，都是大自然长期演化、进化的结果，都蕴含着丰富、有趣的科学知识。可以说，每个风景名胜区都是进行科学普及的宝地。随着近些年来物质、文化生活水平的提高和外出旅游的增多，人们不再满足于"像什么"等肤浅、雷同的讲解，而是更希望多了解自然景物背后的科学知识；对于求知欲强烈、平时忙于应付考试的青少年来说，就更是如此。

　　据了解，许多旅游业开发较早的国家在几十年前就开展了"旅游科普"：或通过内容丰富的标识牌，或通过导游的讲解，或借助声光电一体的高科技手段，尽可能多地向游客介绍自然景物背后的科学故事；游客们也大都是"乘兴而来、满载而归"。

　　而在我国，风景名胜区的旅游资源开发大多还停留在"大饱眼福"的初级阶段；导游们的解说，也往往是"知其然不知其所以然"，难以满足游客的知识欲求。

可喜的是，一些有识之士已经关注到旅游资源中所蕴含的科技宝库，开始呼吁、倡导"旅游科普"；中科院所属的西双版纳植物所、武汉植物园等单位，都先后推出了训练有素的"科普导游"，受到游客的广泛好评。

当然，就全国而言，"科普导游"还仅仅是凤毛麟角，急需推而广之。

开展"旅游科普"，不能回避的现实问题是：钱从哪里来？不妨从两方面考虑：一是科技主管部门从专门的科普经费中拿出一部分钱，专门用于支持、奖励那些有志于搞"旅游科普"的风景名胜区；二是旅游主管部门出台文件，把"旅游科普"列为名胜风景区评级、晋级的硬指标，让他们从门票收入中切出一块培训科普导游、建设科普设施，"取之于民、用之于民"。

国内外的实践证明，让广大游客特别是青少年在饱览大好河山的同时学习科学知识，不仅是科普的有效途径，也是深度开发旅游资源的明智之举。期望有关部门和风景名胜区的管理者、开发者共同努力，在"旅游科普"上多动些脑筋、下些功夫、做些实事，让导游们在解说时少讲些牵强附会的"像什么"，多讲些追根溯源的"是什么""为什么"，让"旅游科普"实至名归。

（2013 年 8 月 12 日）

你知道这是什么花

随着智能手机和微信的快速流行，越来越多的花草照片在朋友间"迎来送往"。一张照片发出后，经常会收到同样的疑问：这是什么花？

回答多半是：我也不知道。

这，只是现代人对植物日益陌生的一个小例子。随着国人对植物的疏离，对其关注与了解也越来越少。特别是沉迷于电子产品、电子游戏的青少年，对植物就更缺少兴趣。虽然"宅男宅女"们对"植物大战僵尸"的游戏爱不释手，但当他们外出旅行、置身自然时，往往区分不开"哪是玉米、哪是高粱"；对那些五颜六色的野花野草，恐怕也仅止于"好美啊！"的大呼小叫；偶尔有好奇心的孩子问父母或导游"这是什么花"时，大人们也大都一脸茫然。

不知其然，遑论"所以然"？

有人也许要问：这些"无名"的野花野草有什么用？

举两个例子吧。一个是曾在中国历史上长期担任主粮的小米，就是我们的祖先在一万多年前从一种狗尾草培育来的；一个是今天的主粮——大米，袁隆平先生的超级稻，就是他借助在野外发现的一种野生水稻所含的"雄性不育基因"选育而成。

不认识、不了解这些"无名"植物，有什么了不起？

还是举两个例子。一个是新西兰的"国果"——"奇异果"，这种今天每年为该国创造数亿美金的猕猴桃，其"祖先"就是1905年被带出国境的三峡地区的野生猕猴桃；另一个是美国的大豆，它今天之所以能称雄天下，也离不开我国的野生大豆基因。其中，向我国出口转基因大豆的孟山都公司，不仅利用我国野生大豆品种研究发现了与控制大豆高产性状密切相关的"标记基因"，还向美国和包括我国在内的100多个国家提出了数十项专利保护申请。

对于文物流失，国人大都有切肤之痛，但对于同样令人扼腕的"植物流失"，则少有人了解。我国植物多样性丰富，仅高等植物就接近3.5万种，其中51%是中国特有。自18世纪末到中华人民共和国成立之前，英、法、俄等国的许多植物工作者来到中国搜集各种花草树木，并运回本国。其中，仅英国植物采集专家威尔逊一人，直接或间接从中国引种、繁殖、推广、应用的植物就超过1000种。他在其名著《中国，园林的母亲》"自序"中写道：中国的确是"园林的母亲"……我可以负责地宣称，在美国和欧洲各国的公私园林中，无一未种中国代表性植物者——包括最好的乔木、灌木、草本植物和藤木。

令人遗憾的是，时至今日，我国依然是被盗取物种资源的重要地区，每年流失的确切数量"难以统计"。

不了解、不知道的另一后果，是人为破坏等导致的野生植物资源丧失。国家林业局 10 年前组织的全国野生植物资源调查结果显示，在被调查的 189 种野生植物中，有 11 种野外种群数量不足 10 株，23 种低于 100 株，36 种低于 1000 株；48% 的物种因资源过度利用而面临严重威胁；39.7% 因生境恶化而陷入濒危状态。

据科学家介绍，一种野生植物的形成需要几十万年乃至几百万年的时间，而其毁灭可能就发生在一夜之间。随着物种的灭绝，这些物种所携带的种质资源（基因资源）也随之永远消失。物种急剧减少的结果，是各个生态系统的衰退乃至消亡。

大美不言。不会跑、不会说更不会卖萌的植物，是养育人类的"衣食父母"——过去是，今天依然是。今后，人类要解决可持续发展的矛盾，必须要利用广泛存在于野生植物资源库中的有用基因，培育出新的品种。

以上所说的还仅停留在"实用主义"层面。至于植物对中华民族的文化滋养，从"投桃报李""豆蔻年华"等成语中，就可以略见一斑。

只有认识，才能了解；只有了解，才会珍惜；只有珍惜，才会保护；而只有保存，才能研究、利用、开发。

朋友，花点时间，去关注一下身边那些不知名的野花野草吧。

（2013 年 8 月 16 日）

科技馆光免费还不够

　　放暑假孩子去哪儿？许多家长对此颇感头疼。前不久，中国科协、中宣部、财政部联合发布了一个好消息：暑假前夕，全国 92 家科技馆对公众免费开放。

　　据了解，免费开放的这 92 家科技馆均为科协所属的县级（含）以上科技馆，常设展厅面积在 1000 平方米以上，能正常开展科普工作。上述科技馆除了取消常设展厅和科普讲座、科普报告等活动的门票收费，还将降低特效影院等非基本科普公共服务收费。

　　作为激发广大中小学生科学兴趣的第二课堂、提高全民科学素质的重要场所，科技馆在普及科学知识、传播科学方法、弘扬科学精神等方面发挥着不可替代的重要作用。此次三部门联手力推科技馆免费开放，无疑为更多公众走近科学打开了方便之门。

　　门槛降低，质量和服务不能降低。要想更好发挥科技馆在提高全民科学素养方面的作用，除了免费开放，还需在优化科普手段、提升服务水平等方面下功夫。

　　同博物馆一样，展品是科技馆的生命。当前我国科技馆的展品普遍面临两大问题，一是更新速度慢，二是互动性差。"日新月异"是科技的显著特点，"以新换旧"是观众对科普展品的普遍期盼，但令人尴尬的是，许多科技馆特别是地市级科技馆的展品常年得不到更新，展示的内容也跟不上科技的发展步伐。除了定期更新展品、增添展示内容，科技馆还应在增强展品的互动性上动脑筋。与博物馆的陈列室展览不同，"禁止触摸"是科技馆的死敌。无论是从科普的特点还是孩子的天性来说，"动手动脚"是最有效的方法，如果科技馆的展品只能看、不能摸，无疑会大大降低参观者尤其是青少年的兴趣和热情。如何通过先进的科技手段和巧妙新颖的设计，提高展品的互动性、娱乐性、体验性，是科技馆面临的一大挑战。

免费开放带来的观众数量增加，对科技馆的接待能力和服务水平提出了更高的要求。除了展品，科技馆的工作人员特别是讲解人员也非常重要。"要想给人一碗水，自己得有一缸水"，面对求知欲强烈的青少年，讲解人员除了要有热情和耐心，还要学养丰富、能说会道，把抽象艰涩的科学原理讲得形象生动、活泼有趣。科技馆的展品再丰富、互动性再强，如果没有高水平的讲解员解说、指导，就可能黯然失色。

此外，经费也是一个绕不开的话题。特别是观众增加后，展品的磨损率自然会上升，维护运行费用也会水涨船高。虽然今年中央财政专门拨付了 3.5 亿元补助资金，但估计与实际需求还有一定的差距。

有关调查显示，我国公民科学素质水平与发达国家相比差距较大，大多数公民对于基本科学知识了解程度较低，在科学精神、科学思想和科学方法等方面较为欠缺。许多事实表明，公民科学素质水平偏低，已成为制约我国经济发展和社会进步的瓶颈之一。

从发达国家走过的路来看，提高公众科学素质既是政府的事，也是全社会的事。让我们以免费开放为契机，上下联动，有钱出钱、有人出人，尽快提升科技馆的科普服务能力，让孩子们在娱乐中学习知识，在快乐中提高素质。

（2015 年 7 月 13 日）

科技成绩单，应该怎么看

前不久有媒体称：根据国际权威学术期刊《自然》杂志发布的"自然出版指数"年度报告，2013 年中国科学院首次取代东京大学，跃居全球前十名，并占据亚太区科研机构首位。

作为我国科研队伍的"国家队"、科技创新的"火车头"，中国科学院的"取代"和"跃居"自然令人欣喜。但正如网友所指出的那样，在看总量的同时也不能忽视均量。东京大学的教职员工不到 1 万人，2013 年在《自然》及其子刊发表论文 128 篇，论文贡献指数为 57.19；中国科学院的科研人员超过 5 万人，发表的论文为 165 篇、论文贡献指数是 63.15——只有既看总量也看人均产出，才能对创新实力做出更全面、更客观的判断。

评价一个单位、地区或国家的科技水平，看总量也看均量，看数量也看质量，看成绩也要看不足。只有全面观察、综合分析，才能做出科学的判断、给出准确的定位，从而保持清醒的头脑、制定正确的策略。

值得注意的是，无论是在地区层面还是国家层面，总量、数量等令人眼睛一亮的指标往往被突出放大，均量、质量等指标则容易被有意无意地忽略。就拿近年来常被提及的三个"世界领先"来说：2012 年我国研发人员总量达 320 万，居世界首位；发表国际科技论文 19.01 万篇，居世界第二；研发经费突破 1 万亿元，居世界第三。如果只看这个"一二三"，很容易给人一种错觉：我国已是世界科技强国。但如果再把视野放宽一些，就会发现事实并非如此。在科研队伍方面，我国每万名就业人员中研发人员只有 42 人，明显低于发达国家（均在 100 人以上）；我国发表的国际论文，平均每篇被引用率为 6.92 次，而世界平均值为 10.69 次；在研发经费方面，我国最近 20 年的累计投入量，不及美国最近 2 年的累计量，也少于日本最近 4 年的总投入。

不难看出，虽然我国已经步入世界科技大国之列，但要想成为科技强国还有很长的路要走。也正是基于这样的科学判断，党中央、国务院才做出了建设创新型国家、加快创新驱动发展的战略部署。

毋庸置疑，中华人民共和国成立以来，特别是改革开放 30 多年来，我国的科技事业取得了长足进展，某些领域正由跟跑向同行转变。越是在这样的关键时期，越要保持清醒的头脑，不能一叶障目不见泰山。无论是信息发布者还是参与报道的媒体记者，都宜秉持实事求是的原则，客观、全面地传递相关信息，以免误导公众。

知耻而后勇、知不足而奋进，只有正视问题、承认差距、埋头苦干，我们才能早日成为科技强国，在百舸争流、千帆竞发的国际科技竞争中立于不败之地。

（2014 年 4 月 4 日）

科技报道莫"自嗨"

前不久，中科院光电技术研究所承担的一项国家重大科研装备研制项目"超分辨光刻装备研制"通过验收。据研发人员介绍，这台22纳米分辨率光刻机在加工大口径薄膜镜、超导纳米线单光子探测器等纳米功能器件上具有明显优势；同时，这台光刻机不同于荷兰ASML公司的尖端集成电路光刻机，要想用于芯片必须首先要攻克一系列技术难题，距离还相当遥远。

令人哭笑不得的是，个别网媒和自媒体公众号在报道这一消息时，却使用了《中国雄起：国产光刻机伟大突破，国产芯片白菜化在即》《中国芯片正在崛起！国产光刻机突破荷兰技术封锁，弯道超车!》《厉害了我的国，新式光刻机将打破"芯片荒"》等标题。这些报道不仅标题耸人听闻，在内容上也夸大其词、添油加醋，甚至张冠李戴、无中生有，很容易给人造成"中国已突破光刻核心技术、可以大规模加工高端芯片"的错觉。

有一定专业常识的读者，对这些打"民族牌""感情牌"，意在吸引眼球、增加阅读量、自我营销的"自嗨文""吓尿体"的虚假性比较容易识别。但是，俗话说"三人成虎"，在传播手段日益多元化、随手就可以转发的信息时代，这些"自嗨文""吓尿体"

很容易泛滥，传得多了，就难免以假乱真。特别是在目前国民科学素养还整体偏低的情况下，相当一部分群众对于前沿科技知之不多，这些"自嗨文""吓尿体"更容易误导公众；一些不明就里的读者很容易上当受骗，甚至随手转发、以讹传讹。如果任其泛滥，最终会造成"假作真时真亦假"的尴尬。

科技创新必须丁是丁卯是卯，传播创新成果的科技新闻报道也不能背离实事求是的基本原则。那些夸大其词、违背事实的"自嗨文""吓尿体"，从某种意义上讲与假新闻无异。这类信息泛滥，不仅会以假乱真、误导公众，而且也会影响我国科研人员的整体形象。

如何消除这类"自嗨文""吓尿体"？在笔者看来，至少需要从以下三方面着手：

主管部门应继续加大监管力度，应明确把违背事实的"自嗨文""吓尿体"列为虚假新闻和有害信息；除了及时删除，还应依法依规、对其制作者和传播者进行惩处，让其"偷鸡不成反蚀一把米"；

对于科技成果的研发者来说，应本着"有一说一、有二说二"的原则，客观、准确、全面地发布信息。在科技新闻发布中，很容易产生"失之毫厘，谬以千里"的情况，科技工作者在发布研发成果时既不能只宣扬优点、回避局限，也不能一味追求"生动形象"而牺牲真实，夸大其词；

作为新闻的受众，应吸取教训、凡事多打个问号，提高自己辨别真伪的能力，不要轻易相信那些"语不惊人死不休"的"自嗨文""吓尿体"。历史经验表明，标题越"惊爆"、语言越"煽情"的报道，十有八九是假新闻。

（2018 年 12 月 21 日）

七、关于体制改革

如果比较一下世界上哪个国家的科研人员最忙、最累，恐怕非中国莫属——对于我国大多数的科研人员而言，平时加班加点、节假日不休息是恐怕是家常便饭。但令人尴尬的是：尽管科技人员数量世界第一、科技人员投入时间世界第一，但我国的创新能力不强、原创成果不多、核心关键技术受制于人的局面依然没有改变。

投入产出不成正比的一个重要原因，恐怕就是：长期"计划思维"形成的科技管理体制给科研人员平添了许多不该有的负担，束缚了他们的手脚，抑制了他们的创新活力。

科技管理是是科技创新的"总闸门"，这个"总闸门"是否科学、能否高效配置科技资源，其重要性不言而喻。近些年特别是党的十八大以来，一系列深化科技体制改革的举措陆续出台，取得了明显成效。

当然，体制改革不可能一蹴而就，深化科技体制改革依然在路上。希望随着改革的进一步深入，能真正解决科技人员"只有三分之一时间做科研"的烦恼，让他们能自由讨论、专心研究、自主探索，让中国智慧彻底摆脱陈规旧制的束缚。

科技界的自律与他律

2010 年 12 月上旬，知名科学家蒲慕明先生在接受媒体采访时认为，中国目前科学文化的"核心问题"并非体制问题，而是"缺乏严谨态度和创新精神"，并呼吁科研人员加强"自律"。

看完这则报道，我不由联想到自己休假时搭乘"海神号"游轮旅行的经历。

该游轮载客近千人，短时间内的集体就餐无疑是对服务生的一大考验。让我惊奇的是，面对众口难调的游客，数十名来自多个国家的服务生无一不是彬彬有礼、有求必应。他们的服务为何如此之好？几天下来，我明白了其中的奥秘：该游轮对服务生有严格细致的考核奖惩制度，如果谁出了问题，就会受到毫不含糊的处罚。在旅行结束前举行的晚宴上，每位游客还收到一份服务质量调查表，一位中国服务生特意小声叮嘱我：请手下留情，否则我会被减薪甚至炒鱿鱼。

调查表上交后的第二天吃早餐时，我意外地发现：服务生大都变得松松垮垮、心不在焉了。

为什么一夜之间他们就判若两人、前恭后倨了？后来我恍然大悟：因为调查表已经交上去、表现好坏已经无关紧要了。

其实，古往今来，类似的事情也是不胜枚举。远的如春秋时期的孙武练宫女，由于孙武"丑话说在前头"，而且令行禁止、杀了两名不听号令的女队长，原本嘻嘻哈哈、不听指挥的宫女立马令出必行、整肃有加；近的如 30 多年前实行的家庭联产承包责任制，一下子调动起广大农民的积极性，同样多的土地产出了数倍于前的粮食。

这三个事例与科技体制改革领域虽异，道理却同：一个好的制度能使坏人变好，一个坏的制度能使好人变坏。由于当前科研经费分配体制上存在的诸多积弊，一些心知肚明的科研人员把很多心思用在拉关系、走后门、发论文上，滋长了种种不端甚至腐败行为。

盘点即将过去的 2010 年，呼吁科技体制改革成为科技界影响最为深远的事件之一。在是年 3 月召开的两会上，王志珍院士就直陈现行科技体制中存在的种种弊端，呼吁深化改革；在 6 月召开的两院院士大会上，众多院士建议加快科技体制改革；两个月之后，人民日报接连刊发《四位科技界知名人士建言下决心深化科技体制改革》等三篇系列报道，产生广泛共鸣；9 月初，清华、北大的两位教授施一公、饶毅在《科学》杂志上撰文：现行科研经费分配体制减缓了中国潜在的创新步伐，在科技界掀起轩然大波。

当然，并不是说自律不重要，但正如一位科研人员所说：中国学术界缺乏严谨的态度和自律精神，是现行科研体制的结果，而非原因；有了好的制度设计，科研人员自然会加强自律，否则要么自甘沉沦、要么自动出局。

党的十七届五中全会对深化科技体制改革提出了具体要求。人们期待着，科技界呼吁已久的科技体制改革能在新的一年里有所突破，为自主创新提供更好的制度保障、更优的环境氛围。

（2010 年 12 月 27 日）

让科学指挥棒更科学

"推行代表作评价制度""使人才称号回归学术性、荣誉性本质""对科研不端行为零容忍"……近日，中办、国办印发《关于深化项目评审、人才评价、机构评估改革的意见》（以下简称《意见》），提出了一系列推进科技评价制度改革的务实举措，引发广泛关注。

项目评审、人才评价、机构评估（以下简称"三评"）是科技管理制度的重要组成部分，也是科技创新的三大指挥棒，其导向是否正确、指标是否科学、方法是否合理，在很大程度上决定着科技人员能否潜心科研、追求卓越，影响着科技创新的质量和效率。这次"三评"改革，是党的十八大以来推进科技体制改革的继续深化，旨在形成科学的中国特色科技评价体系，更好发挥评价指挥棒和风向标作用，最大限度激发科技创新的活力与潜力。

很多科技人员评价说，这次"三评"改革接地气、干货多。改革针对科技评价制度长期存在的问题分类施策，具有强烈的现实针对性和问题意识。为克服"外行评审内行"和人情票问题，《意见》就如何选拔、使用评审专家提出了明确要求，"完善专家轮换、随机抽取、回避、公示等相关制度，对公示期间存在异议的专家开展背景经历调查，确保专家选取使用科学、公正"。针对科研造假、学术不端等行为，《意见》明确要求"对科研不端行为零容忍"，并对严重失信行为责任主体实行"一票否决"。迎着问题上、向着问题改，这次"三评"改革直指病灶，既彰显了决心更体现了力度。

以往"三评"中出现的许多问题，往往与对科技创新规律和人才成长规律认识不清晰、把握不到位有关。科研活动包括基础研究、技术开发、成果转化等不同类别，每一类科研活动都有各自的独特规律。这次"三评"改革的可贵之处，正在于尊重不同种类科研活动的差异化特点，用科学的方法让科研指挥棒更科学。在以前，不少基层一线医生抱怨，做一千台手术不如发一篇论文，"唯学历""唯论文""唯帽子"等一刀切现象非常普遍。《意见》明确提出"分类评价"的基本原则，不将论文、外语、专利、计算机水平作为应用型人才、基层一线人才职称评审的限制性条件，正是形成多元评价体系的积极尝试。

科学发展要取势，科学评价要取实。这次"三评"改革把务实导向贯穿始终。引进海外人才，不把教育、工作背景简单等同于科研水平；坚持正确价值导向，使人才称号回归学术性、荣誉性本质，避免与物质利益简单、直接挂钩；完善科研机构评估制度，充分发挥绩效评价的激励约束作用……从面子到里子，从务虚到务实，这次"三评"改革树立起务求实效的价值导向，也将激励更多科研工作者沉下心来，作出更多实打实的科研成果。

发展是第一要务，人才是第一资源，创新是第一动力。让科学研究的指挥棒更加科学，营造潜心研究、追求卓越、风清气正的科研环境，将对更多科研工作者形成正向激励，从而激发各类人才创新活力和潜力，真正挖掘人才这个"第一资源"、激发创新这个"第一动力"，更好地建设世界科技强国。

（2018 年 7 月 5 日）

创新驱动需要创新考核

前不久参加一个座谈会，听到多位到基层调研的专家反映了同一个问题：在实施创新驱动发展战略的过程中，不同级别的党政领导都有这样的难言之隐：以 GDP 增长为核心的政绩考核体系，让他们在实际操作中感到左右为难，压力很大。

依靠科技创新改造提升传统产业、培育发展战略性新兴产业，是实施创新驱动发展战略的必由之路。与传统的投资驱动相比，创新驱动见效慢、周期长，而且存在很大的不确定性。无论是重大技术突破，还是利用新技术提升传统产业、培育新兴产业，既需要相当的前期投入，又离不开相当的时间积累，而且还要冒失败的风险。由此可见，创新驱动是典型的"慢工出细活"。而干部任期制，则往往是"前人栽树后人乘凉"。变投资驱动为创新驱动，实现由规模、速度型到质量、效益型的转变，不可避免地会产生一定时期内 GDP 增速下降、地方财政收入减少的阵痛。

虽然"十二五"发展规划纲要提高了研究与试验发展经费支出占国内生产总值的比重，并首次把"每万人口发明专利拥有量"列入发展的刚性指标，但尚未纳入到地方党政干部的政绩考核体系中。据报道，新加坡国立大学房地产研究院院长邓永恒教授最近的一项研究发现，中国283个中小城市的市长和市委书记10年的政绩和升迁分析结果显示，如果其任期内GDP增速比上一任提高0.3%，升职概率将高于8%。这一现象表明，在地方党政官员的选拔任用中，GDP增速依然起着"一锤定音"的关键性作用。

对于习惯了招商引资、投资驱动的地方官员来讲，实施创新驱动发展战略无异于一门全新的功课，本身就面临很多现实挑战：既需要学习日新月异的新科学、新技术，还要学会如何与风格迥异的科学家打交道；除了跟踪国外新兴产业的发展趋势，还要营造有利于创新创业的政策环境、金融环境等。如果头上再戴着GDP增幅这个挥之不去的紧箍咒，其压力之大、选择之纠结就可以想见了。

政绩考核无异于地方党政官员日常工作的指挥棒，有什么样的指挥棒，就会产生什么样的决策导向和施政行为。高投入、高排放、低效益的粗放型增长方式之所以长期难以改变，与唯GDP马首是瞻的政绩考核不无关系。如果今后在政绩考核中还是单纯以GDP增速论英雄、排座次、定升迁，势必会在很大程度上抑制地方党政领导依靠科技创新推动发展方式转变的积极性，阻碍创新驱动发展战略的实施。

建设创新型国家、实施创新驱动发展战略，既需要关键技术的突破，更离不开体制机制的创新。如果组织部门在政绩考核中适当减少GDP增速的权重，相应增加科技贡献率、每万人口发明专利拥有量、高新产业增幅等创新性指标，让那些甘于打基础、勇于抓创新、善于促转型的党政官员有更多升迁、提拔的机会，相信创新驱动发展的阻力就会少很多，转变经济发展方式的步伐也会快很多。

（2013 年 4 月 19 日）

知识产权保护的紧箍咒不能松

破案 1.4 万起,抓获犯罪嫌疑人 1.8 万名——前不久公安部在通报今年以来打击侵犯知识产权犯罪工作时披露的这两个数据,让人既喜且忧。喜的是,我国打击侵犯知识产权犯罪的力度正不断加大;忧的是,全国侵犯知识产权的不法行为依然猖獗,知识产权保护的紧箍咒还不能松。

作为科技创新的重要体现,包括专利、商标等在内的知识产权既是激励创新的催化剂,又是维护创新主体权益的保护神。知识产权不是天上掉下的馅饼,而是专利发明人和创新企业投入大量时间、精力,经过潜心钻研之后才能获得的智慧结晶。各种侵犯知识产权行为,不仅盗取了知识产权拥有者的知识智慧、损害了他们的经济利益,而且破坏了公平竞争的市场环境,侵蚀了尊重知识、崇尚创新的社会文化,是科技创新的大敌。只有念好知识产权保护这个紧箍咒,才能切实维护创新者的合法权益,才能真正创造公平竞争的市场环境,才能有效激励更多民众和企业投身于发明创造,加快提升自主创新能力。

改革开放以来,虽然我国的科技事业得到长足发展,但自主创新能力依然不足。就拿出口贸易来说,虽然 2013 年我国机电和高新技术产品出口比重已经达到 57.3% 和 29.9%,但很多商品核心技术掌握在外方手中。其中，机电产品 61.2% 是外资企业生产的，51.1% 是加工贸易方式出口的；高新技术产品 73% 是外资企业生产的，65.3% 是加工贸易方式出口的。长期以来，我国产品参与国际竞争主要靠价格优势，产品缺乏核心竞争力、附加价值低，大多处于产业链的中下游。当前，世界经济深度调整，复苏的进程艰难曲折，新一轮科技革命和产业变革正在孕育兴起，加快推进以科技创新为核心的全面创新，既是当前经济走出困境的必由之路，也是未来经济行稳致远的根本保障。

在大力实施创新驱动发展战略、打造中国经济升级版的今天，我们比以往任何时候更加需要知识产权保驾护航。加强知识产权保护，既要澄清各种模糊观念，充分认识保护知识产权的现实价值和长远意义，更要加大司法惩处力度，让那些从事假冒伪劣的违法企业得不偿失。与此同时，还应通过改革畅通维权渠道、降低维权成本、提高维权效益。

据报道，北京、上海、广州三地的知识产权法院已进入实质性筹备阶段，确保在年内挂牌。人们期待着，以机构设置新、机制运行新、人员管理新的标准打造的知识产权法院，能让中国的知识产权保护事业迈上新台阶，进而更好地为科技创新保驾护航。

（2014 年 9 月 29 日）

让沉睡的专利快点醒来

前不久，北京市出台《加快推进科研机构科技成果转化和产业化的若干意见（试行）》，为职务发明"简政放权"、让职务发明人的智力付出"劳有所得"。比如，科研机构可对科技成果自主处置和公开交易，科技成果完成人和转化者可获得 70% 及以上的转化所得收益，等等。这个《意见》赢得不少喝彩，它打破了对职务发明的种种禁锢，有利于鼓励科研单位和高校科技人员创造更多有价值的发明并加快科技成果转化。

目前，在我国的发明创造中，科研院所和高校的职务发明占了大半壁江山。所谓职务发明，就是指执行本单位的任务或者主要是利用本单位的物质技术条件所完成的发明创造，高校、科研单位和企业职工创造的专利多属此类。2013 年，在我国受理的 237.7 万件专利申请中，职务发明占八成多。而根据现有的相关规定，高校、科研院所和国有企业的职务发明被定性为国有资产，专利的所有权归国家、使用权归单位，专利实施或产业化的收益绝大部分归单位，与发明人没有太大关系。

显然，这些漠视发明人权益和作用、地位的规定，消解了科研院所和高校科技人员从事高水平发明创造的动力，抑制了他们从事科技成果转化的积极性，导致专利对产业转型升级和经济社会发展的支撑力度长期不足。2011 年全国专利调查数据显示，高校和科研单位授权专利的实施率分别为 25.5% 和 57.6%，远低于全国 70% 的总体水平；高校和科研单位授权专利的产业化率分别只有 0.9% 和 7.7%，距离 28.7% 的全国总水平差距更大。而 2013 年的调查数据显示，国内高校授权专利实施率仍不足三成。

是继续循规蹈矩、让大量的专利束之高阁，还是通过改革职务发明权益、充分释放科技人员的创新活力，让沉睡的专利快点"醒"来？答案当然是后者。

近年来，在职务发明的权利归属问题上一直存在争议。支持所有权归国家、使用权归单位、转化收益大头归单位的人认为，只有这样才不会导致国有资产流失。这一观点看似正确，实则不然：专利技术仅仅是实验室里的样品，要想走出实验室、成为工厂里的产品和市场上的商品，转化为现实生产力，还必须经过一个艰苦、长期的转化过程——如果转化不成产品、商品，专利技术只不过是没有价值的死的"国有资产"。

更为关键的是，现在科技创新的步伐比以往更加快速，日新月异、技术迭代已成为常态，专利成果如若不能及时转化为现实生产力，一旦新的替代技术出来，就会失去应用的价值，沦为毫无意义的废纸。为减少专利"在睡梦中死去"的悲剧，美国、日本等发达国家早就以法律形式确立了"发明人优先"的原则，对职务发明人的权益给予充分保障，极大调动了科技人员的创造积极性，有力促进了科技成果的转化。

人力资源是一个国家最稀缺的资源，创新是一个社会最可贵的驱动力。期待更多地方和部门下好改革先手棋，打破不合时宜的旧框框，解除制约科技这个第一生产力的制度束缚，让科技人员更加积极地创新、创业，早日把专利技术转化为现实生产力。

（2014 年 7 月 7 日）

莫让科研仪器睡大觉

"工欲善其事，必先利其器。"科研人员要想探索未知世界、发现自然规律、实现技术变革，科学仪器和实验设备自然不可或缺。随着我国科技投入连续多年持续递增，高校和科研院所的科学仪器设备也鸟枪换炮，数量、质量均大幅提升。统计数据显示，截至2013年年底，全国50万元以上的大型科学仪器设备近9万台（套），其中高校和科研院所中的大型科学仪器设备就有54918台（套），原值总计780.2亿元。

那么，这些价值不菲的科学仪器设备使用情况如何？据权威部门的调查，2013年我国全部科学仪器设备的年均有效工作机时为1157小时，远低于发达国家的3000多小时。这充分说明，高校和科研院所的许多课题组（科研团队）购买了科学仪器设备后，其利用率和共享水平比较低；相当一部分仪器设备存在部门化、单位化、个人化倾向，闲置浪费现象相当严重。

耗费了国家巨额资金的仪器设备，为什么没有得到很好利用，甚至躺在实验室里睡大觉？

据业内专家分析，主要原因有三：

第一是对学科发展战略缺乏深入地研究，很多科研单位并没有想清楚长远目标是什么、究竟要做些什么，就盲目上马购置仪器设

123

备，等到位后才发现派不上用场；

第二是"但求所有、不思所用"的狭隘心理作怪，一些课题组把买来的仪器设备视为自己的私有财产，即便自己不用，也不愿意让其他单位的人用；

第三是缺乏有资质的专业人才使用维护，导致购买的高端仪器设备无法发挥作用。

科学仪器设备的闲置、浪费现象，近年来已引发广泛质疑和批评。有人总结，许多昂贵的仪器设备存在"三低"现象：管理水平低、共享程度低、使用效率低。每年的"两会"上，都有人大代表和政协委员提出各种建议，以期减少这种巨大的科研经费浪费。

具有公共性、稀缺性特点的科学仪器设备是国有资产，应尽快改变部门分割、单位独占的格局，加快推进开放共享、提高使用效率，以充分释放其潜能、发挥其作用，为实施创新驱动发展战略提供有效支撑。

为改变科学仪器设备的"三低"现象、减少科研经费的巨大浪费，科技部、财政部联合制定《关于国家重大科研基础设施和大型科研仪器向社会开放的意见》，前不久已由中央全面深化改革领导小组第六次会议审议通过，即将发布实施。人们期待着，有关部门和单位能认真落实《意见》提出的各项措施，让那些睡大觉的科学仪器设备尽快醒过来、转起来。

（2014 年 11 月 17 日）

把时间还给科学家

"不是在开会，就是在去开会的路上。"这几年，饱受文山会海之苦的大军中，又多了一些新面孔——科研人员。

科研人员参加的会议，多为各种各样的评审会，包括科研项目的立项、结题评审，"千人计划""万人计划"等人才评价，以及国家重点实验室等科研机构评估。

"三评"涉及的内容非常专业，邀请业内的高水平科研人员参加讨论、评议，原本无可厚非。但是，由于科技计划政出多门、科研项目分散重复、评审机制不科学等原因，近些年"三评"会议的数量明显增多，许多科研人员隔三岔五就被有关部门叫去开会，要么去评审别人，要么接受别人的评审。一些经常被"揭锅盖"的科学家慨叹：自己已由"一线"变成了"离线"，连"三分之一时间做科研"都很难保障。

特别需要注意的是，凡被邀请参评或者受评的科研人员，多为各个领域的拔尖人才、骨干人才、领军人才，是科研的中坚力量。他们有的是项目首席科学家，有的是实验室主任，除了自己做实验、搞研究外，还负有指导学生、领导整个团队之责。这些科学家频繁外出参加各种会议，被耽误、受影响的不仅仅是他们自己。

科学研究是异常艰难的智力劳动，只有投入全副身心、长时间潜心探索，才有可能取得突破。同时，科学研究的竞争性很强，"只有第一，没有第二"，如果研究成果比同行晚发表一天，就会与"原创"失之交臂。在科技进展日益迅速、国际竞争日趋激烈的今天，时间对科学家的重要性就更加凸显。

所幸，各类评审活动过多、挤占科研人员时间的现象，已引起相关部门高度重视。比如，截至目前，"三评"评审项目有一定幅度精简，各单位共梳理取消各类评审项目37项，合并净减少41项，下放20项，总体精简了29%；比如，中组部将"千人计划""万人计划"由过去的两级评审简化为一级评审，科技部牵头的"973计划"第三轮综合咨询环节取消项目答辩，会期由过去的5天缩短为2.5天……

"三评"瘦身，受到科研人员的普遍欢迎。当然，在减少评审、简化程序、优化机制方面还有很大的"挖潜"空间，关键是相关部门和单位能真正尊重科技规律，切实摒弃"管理"思维，勇于改革创新，真心实意、千方百计为科研人员潜心攻关松绑减负。

（2015年2月9日）

别把科学家逼成会计

在一般人的印象中，探索未知世界奥秘的科学家与精打细算的会计怎么也扯不上关系。然而，记者在日前采访时听到多位科研人员吐槽：到年底几乎天天算账、对账、报账，都快成专业会计了。

这并不是开玩笑。据了解，每年年初申报项目和年底财务报销时，科研人员特别是实验室（课题组）的负责人，都要像会计一样精打细算。申报课题的时候，他们要充分发挥想象力，精确预算未来几年要花的每一项经费，如差旅费、交通费、会议费、仪器费、试剂费等，以免将来超支或者不够；项目结题时，要把项目执行期间花的每一笔经费，与申请课题时的经费预算一一"对表"，如果"对"不上，就要开动脑筋、想方设法"对齐"，否则就不能报销。据介绍，科研骨干每年光在经费预算和财务报销上花的时间，就多达一两个月。如果加上填写项目年度进展、工作年度考核等，所耗费的时间就更多了。

难怪许多科研人员感叹：在正常工作时间内，能真正从事科研的时间连三分之一都很难保障。为"把失去的时间追回来"，他们不得不在双休日、节假日和下班时间加班加点搞科研。

科学家被逼成了会计，其背后是不科学的管理制度。同其他工作一样，科学研究也需要科学管理。特别是涉及国家财政的科研经费，相关主管部门通过经费预算、财务报销等制度认真把关、严格审计，原本无可厚非。然而，现有的一些科研经费预算方式和财务报销制度，在很大程度上违背了科研规律。与可按预定计划进行的盖大楼、修大桥等工程类活动不同，科学研究是对未知世界的探索，存在极大的不确定性，常常是计划赶不上变化，其进展难以准确预测。举个简单的例子，在今后几年的研究过程中使用多少试剂，在申请项目之初是很难"计划"到位的。因此，只能根据以往经验，做出大致的规划。相应的，所需的经费也只能是粗线条的"概算"。如果要求科研人员在申请项目之初就精确预算、到项目结题时实际花费与最初的预算一一对号入座，岂不荒唐？

之所以出现这种违背科研规律、不切合科研实际的规定，恐怕与一些部门根深蒂固的"管理"思维和长期形成的"一刀切"做法不无关系。

在与科研人员的交流中，记者能明显感受到他们不被信任的心酸。毋庸讳言，近些年确实出现了个别科研人员通过财务造假等手段超比例用科研经费给工作人员发放生活补贴等违规现象。对于这些现象，既要严格追责、依规依法惩处，更要深入分析背后的深层次原因。

客观地说，之所以出现上述现象，除了极少数科研人员道德品质不好外，还与我国的科研人员生活待遇不高、薪资结构不合理、科研经费中的劳务费比例过低等密切相关。解决违规、违法使用科研经费的根本之道，恐怕光加强预算管理和报账制度是不够的，还应通过改革让科研人员的收入与其付出、贡献相匹配，过上衣食无忧的有尊严的生活。

科学研究是异常艰辛的智力探险，只有投入全副身心、长时间探索，才可能取得突破。科学研究是在全球舞台上的国际竞争，"只有第一、没有第二"。对科学家来说，还有什么比时间更重要呢？

管理的实质是服务，服务的目标是提高效率。摆正心态、转变职能，认真倾听基层呼声，尊重科学家，遵循科研规律，把科研人员从名目繁多的报表中解放出来、拿出更多时间潜心科研，既是广大科研人员的热切期盼，也是创新发展的迫切需求。

（2015 年 12 月 27 日）

新药审评"长征"该改了

"新药研发的困难早在意料之中，我唯一感到难受的，是明知道我们研发的新药疗效明显，但却不能让国内患者很快用上、挽救他们的生命。"北京生命科学研究所所长、百济神州（北京）生物科技有限公司（以下简称百济神州）创始人王晓东日前接受采访时说的这番话，让现场记者深感动容。

美国国家科学院院士、中科院外籍院士王晓东是全球知名的生命科学家，有感于国内癌症患者对创新药物的迫切需求，他于2010年发起创办了百济神州，开展新药研发。深厚的科学背景、强大的研发能力、高效的研发策略，使百济神州在较短时间内研发出多款拥有全球自主知识产权的抗癌新药。2013年年底，百济神州同时在国内和澳大利亚申报了临床试验，其后的结果让王晓东又喜又忧。

原来，申报材料递交到澳大利亚的药监部门后，5个工作日就得到批复，临床试验很快展开。目前，已有3个药物完成一期临床，结果证明对于多种癌症疗效明显，而且副作用很小，优于国外同类药物。

反观国内，则陷入旷日持久的审评"长征"，上述3个药物至今都未获准临床。最先提交申请的一个药物，光在新药审评中心

"排队"就花了 1 年多,到今年 2 月才进入评审,估计最快要到下半年才能开展一期临床。

百济神州的遭际并非个案。据统计,我国新药临床试验项目审评的平均等待时间长达 14 个月,即便是优先审评的创新药（1.1类）也要排队等待 8 个月以上。对于新药研发来说时间就是生命,许多回国从事新药研发的海归被迫跑到国外开展临床试验。

不合理的临床审评不仅增加了药企的研发成本、阻碍了新药的研发进程,而且对患者极为不利。以癌症为例,多数晚期患者无药可治,只能忍受病痛的折磨；由于国外研发的最新药物短期内难以进入国内市场,一些有支付能力的患者被迫通过走私高价购买,甚至远涉重洋、到美国治疗,美国一些大医院甚至专门增设了针对中国患者的部门,提供租房、住院等一条龙服务。

在生物科技等新技术的助推下,当前全球范围内的新药研发明显提速,许多国家顺势而为,千方百计加快新药的临床试验评审进程。以美国为例,新药的申报材料递交到药监部门备案 30 天后就可开展临床试验；对于"孤儿药"和疗效显著的突破性药物,则开辟了专门的绿色通道,审批最快的只需要几天时间。

专家们表示,我国患者数量巨大、样本种类多、临床试验费用较低,这本来是新药研发的巨大优势。但旷日持久的审评"长征"不仅使这一优势难以发挥,而且严重挫伤了药企的积极性,既影响了患者治疗,也阻碍了我国医药产业向中高端迈进。

值得欣慰的是,审评"长征"已经得到国家的高度重视。今年3月发布的《中共中央国务院关于深化体制机制改革　加快实施创新驱动发展战略的若干意见》明确指出：对药品、医疗器械等创新产品建立便捷高效的监管模式，深化审评审批制度改革，多种渠道增加审评资源，优化流程，缩短周期，支持委托生产等新的经营模式。

　　近年来我国的新药审评已有所改进，但还远远不能适应我国新药研发的新形势。希望有关部门积极响应党中央国务院的号召，进一步加大改革力度、尽快建立科学高效的审评制度，为患者造福、为产业助力。

（2015年6月1日）

创新药告别审批难之后

2015 年 8 月 18 日，对于从事创新药研发的企业来说，无疑是一个欢欣鼓舞的好日子。当天发布的《国务院关于改革药品医疗器械审评审批制度的意见》明确提出，加快创新药审评审批；对创新药实行特殊审评审批制度；加快审评审批防治艾滋病、恶性肿瘤、重大传染病、罕见病等疾病的创新药，列入国家科技重大专项和国家重点研发计划的药品，转移到境内生产的创新药和儿童用药，以及使用先进制剂技术、创新治疗手段、具有明显治疗优势的创新药。这标志着，以往动辄耗时数年的审评审批"长征"将成为历史，创新药将以更快的速度完成临床和上市的审评审批，进入市场销售。

然而，光加快审评审批还不够。众所周知，创新药只有进入医疗市场、被急需的患者用上，才能实现其最终价值。但目前创新药在进入市场的过程中还面临许多关卡。

首先是招标关。创新药进入医院使用必须先过药品招标这道关，但一些不合理的招标制度把许多创新药挡在了门外。一方面，各省的招标过程慢，周期长，最长的为 5 年一次。这就意味着，在此期间上市的创新药，都不能进医院销售。另一方面，由政府主导的药品集中招标的初衷是通过市场竞争，让患者选购质优价廉的药品，但在实际执行过程中却出现了"唯低价是瞻"的倾向，最终导致劣币驱逐良币，价格较高的创新药往往被挡在招标门外。

其次是医院药事委员会的审批关。创新药中标并不意味着就能在医院销售，必须要经过药事委员会的审批。而药事委员会的审批和药品招标一样，新药审批周期没有统一规定，有的医院药事委员会半年才开一次会，有的两三年才开一次。与此同时，由于药事委员会的成员水平不一，很多医生对我国新研发的靶向药物等了解不多，在很大程度上限制了新药进入医院。

最后是医保关。创新药只有纳入国家医保目录，才能被更多患者选用。现有国家医保目录每4—5年才更新一次，期间上市的创新药只有等医保目录更新时才能被纳入，运气不好的一等就要四五年。此外，现行医保目录内的药品都是按比例报销，这就导致原本价格差距大的同类品种自付部分相差无几，从而变相迫使医生和患者选用贵药、进口药，不仅增加了国家财政负担，也让国产的创新药难有用武之地。

据统计，由于上述关口的存在，有30%的创新药在上市两年后难以进入任何一个省销售；能进入1—5个省销售的创新药，仅占获批总数的25%；能进入15个省销售的不到20%。特别是上市第一年，有超过半数的创新药无法进入任何一个省销售。

由于进入医疗市场障碍重重，研发企业费尽千辛万苦研发的创新药难以及时满足临床需求，甚至让新药变成了旧药、老药。同时，市场准入难也严重阻碍了研发企业的创新积极性。创新药的专利保护期只有 20 年，研发和审批过程就耗去了 12—15 年，加上市场准入旷日持久，等到企业获利时专利保护也快到期了，严重制约了其持续创新的能力和积极性。

由此可见，要想让创新药尽快满足临床需求、体现其价值，不仅需要尽快缩短审评审批流程，还应在招标采购、医保目录和医院药事委员会审批等方面加快改革。只有这样，才能保障患者及时用上创新药；只有这样，才能充分调动企业的研发积极性，加快推动我国由仿制药大国向创新药强国转变。

（2015 年 8 月 24 日）

科研院所没了级别又怎样

山东这次开了个好头。

山东省政府日前出台文件，明确要求在 2017 年 6 月底前，全省科研院所全部取消行政级别、建立法人治理结构，按新的体制机制运行。

无疑，这项破冰之举会让一些科研人员心生忧虑。毕竟，自中华人民共和国成立至今，科研院所一直享有一定的级别待遇、参照行政机关的制度运行；一旦没有了行政级别，科研院所的日子会怎样？

北京生命科学研究所（以下简称北生所）的探索实践给出了答案。在国家相关部委和北京市政府的大力支持下，2005 年正式运行的北生所既无行政级别、也无事业编制，完全按照现代科研机构的体制运行：实行所长法人负责制，用人权、经费使用权、科研人员待遇和职称晋升、科研进展评估等事宜完全由研究所自己决定。如今，北生所已迅速成长为世界一流研究所，不仅成为原创成果丰硕、高端科研人才汇聚的科研高地，而且在基础研究成果转化上迈出了重要步伐，赢得了国内外同行的认可。

北生所的实践告诉我们，没有了行政化的羁绊和官本位的阻碍，科研机构获得的是"我的科研我做主"的研究自主权、不须加鞭自奋蹄的创新活力和崇尚科学、潜心研究的团队文化。其实，行政化管理和官本位倾向导致的弊端已被科技界诟病已久：官学不分、运行僵化、科研机构缺少自主权、科研人员没有自由的探索空间，院长、所长在科技资源分配、职称晋升、成果评价等方面占有明显优势，一些普通科研人员容易遭受不公正待遇……

正因为如此，国家早就开始了取消科研院所行政级别的顶层设计：2012年4月印发的《国家中长期人才发展规划纲要（2010—2020年)》指出，克服人才管理中存在的行政化、"官本位"倾向，取消科研院所、学校、医院等事业单位实际存在的行政级别和行政化管理模式；2013年11月公布的《中共中央关于全面深化改革若干重大问题的决定》提出，推动公办事业单位与主管部门理顺关系和去行政化，逐步取消学校、科研院所、医院等单位的行政级别。

可以说，取消科研院所等事业单位的行政级别，是遵循科技发展规律的重要举措，将从根本上解除行政化对科研人员的束缚、消除官本位倾向对科技发展的积弊，激发科研机构的创新活力。

当然，除旧必须立新。因此，山东省推出了全新的辅助措施：搭建理事会、学术人才委员会、管理层和监事的治理架构，真正落实用编用人、收入分配、经费管理、成果转化收益、设备采购、建设项目管理等自主权。随着这些措施的到位、完善，科研院所的"权力真空"将会由全新的体制机制"填补"，步入健康的发展轨道。

除了体制机制上的以新代旧，也需要理念层面的转变。一方面，全社会要真正树立尊重知识、尊重人才、尊重创造的风尚，对取消行政级别后的科研院所不能以"帽"取人；同时，科研机构和科研人员要尽快彻底告别"行政依恋"和官本位情结，一心一意做科研、踏踏实实搞创新，用响当当的研究成果赢得尊重。

（2016 年 12 月 9 日）

让国家科技奖更具公信力

一说起国家科技奖，人们就会想起每年年初党中央、国务院在人民大会堂隆重表彰获奖者的热烈场景。

国家科技奖自设立以来奖励了一大批科技成果，对调动科技人员的创新创造热情、促进我国科学技术快速发展发挥了重要作用。与此同时，由于推荐方式行政化、评审机制不科学、获奖成果数量过多等原因，科技界也发出了改革国家科技奖制度的呼声。国务院办公厅日前发布了《关于深化科技奖励制度改革的方案》（以下简称《方案》），提出了改革的任务和措施，亮点颇多，体现了"服务国家发展、激励自主创新、突出价值导向、公开公平公正"的基本原则。

比如，实行提名制。目前国家科技奖实行的是科技人员申报、政府部门推荐制，不仅行政色彩浓，而且花费了科技人员的大量时间和精力。为提高评奖的学术性，《方案》提出，参照国际惯例实行提名制，把过去的主动自荐改为背靠背的他荐，以引导科技人员潜心研究、专注学术，遏制浮躁等不良风气。

再比如，定标定额、瘦身提质。"定标"就是分类制定各奖种及其相应等级的评价标准，确保获奖项目质量；对自然科学奖、技术发明奖、科技进步奖，由过去的一、二等奖混合评审改为一、二等奖分别评审，落选的一等奖项目不能参评二等奖。"定额"就是改变奖励指标数与受理数量按既定比例挂钩的做法，分别限定三大奖的授奖数量。《方案》还提出，大幅减少奖励数量，三大奖总数由不超过400项减少到不超过300项。

《方案》顺应了科技界的改革愿望，对于进一步增强国家科技奖的学术性、突出导向性、提升权威性、提高公信力、彰显荣誉性，将发挥巨大的推动作用。

由于《方案》主要是明确了深化科技奖励制度改革的方向，一些措施在具体实施过程中还需要进一步研究细化。比如，在实行提名制方面，提名人的标准是什么？是不是只有院士才有提名资格？学术组织提名如何操作，谁来具体承担责任？提名个人和机构怎样才能履行好推荐、答辩、异议答复等责任，并对相关材料的真实性负责？

再比如，《方案》提出，三大奖总数由不超过400项减少到不超过300项。这是一个重大进步，但也有专家指出，在实际操作过程中，还应该严格控制奖励数量。中外有影响的科技奖项表明，数量越少越容易保证质量，位于金字塔尖上的成果往往是特别突出、公认度高的，评选也容易，越往下质量水平越难保证。与此同时，数量过多往往导致太多人报奖，既浪费了科技人员的精力，还浮躁了学风、淡薄了对科学真理的追求。因此，应本着宁缺毋滥的精神，严格控制三大奖的数量。

国家科技奖是我国的政府最高奖，代表的是中国科技创新的最高水平，希望主管部门和具体评审机构切实把《方案》落实到位，让评奖结果经得起时间的检验，切实维护好国家科技奖的公信力。

（2017 年 7 月 17 日）

八、关于成果评价

SCI 的全称是 Scientific Citation Index，译成中文就是"科学论文引文索引"；发表在 SCI 收录期刊上的论文，就是 SCI 论文。自 20 世纪 80 年代末某高校把 SCI 论文引入科研绩效考核体系之后，论文就日益成为评判科研人员能力高下、水平高低、成果优劣、贡献多寡的金标准，乃至于到了"唯论文论英雄"的程度。这一现象，被科技界人士自嘲为"中国式 SCI"—Stupid Chinese Idea。

成果评价就像教育界的高考一样，有什么样的指挥棒，就会衍生什么样的科研取向——备受诟病的跟班式科研、垃圾论文成堆、论文造假屡禁不止，"论文数数"难辞其咎。尽管近些年来越来越多的科教界人士对"中国式 SCI"口诛笔伐，国家有关部门也多次发文、要求予以纠正，但"论文指挥棒"依然大行其道。

其中原委，值得玩味。

论文崇拜该休矣

前不久，笔者采访了一位有名的育种专家。这位培育出好几个玉米新品种、每年为国家增产粮食数千万公斤的长者，连副研究员都不是。"这都是学术论文崇拜闹的。"他苦笑着说，"现在评职称都要看你发表了多少论文，我一年到头在地里忙活，一天下来累得见床就想躺下，哪有精力去写论文？"

类似的情形，在我国科技界已经见怪不怪、习以为常：硕士、博士毕业，大学老师评职称，科研人员申请课题，临床医生晋升，企业报奖，科研项目结题鉴定，两院院士评选，都要看你发了多少论文。如果发的论文数量达不到要求，门儿都没有。更有一些高校院所，对在权威学术杂志上发表一篇论文的，动辄奖励几万元，甚至是十几万元。

难怪许多业内人士惊呼：论文已经像 GDP 那样，成为我国科技评价中最重要、最核心的指标了。

愈演愈烈的论文崇拜，已经严重阻碍了我国的科学研究和技术创新——

科研目标严重扭曲。根据不同的研究性质和研发目标，科学研究大致可分为两类：基础研究和应用开发。基础性研究的目的，原本是为了揭示自然界的奥秘、获取原始的重大发现，而这往往需要长期的积累，十年方能磨一剑；应用类开发，主要是为了解决实际生产、生活中的技术难题，开发新技术、研制新产品。但是，无所不能的"论文指挥棒"，则导致了科研活动的本末倒置：为了多发论文，搞基础研究的科研要么跟踪容易出成果的所谓"热点"，要么在把一项成果拆成几篇论文，不仅滋生了大量垃圾论文，而且导致我国科研人员永远跟在别人屁股后面跟跑；搞应用开发的科技人员不是着眼于开发新技术、研制新产品，而是考虑怎么才能多发论文、快发论文，结果是论文发了一大堆、可以转化的成果却寥寥无几，"科技、经济两张皮"的现象也就日益突出。

科研资源大量浪费。种豆得豆，种瓜得瓜。千军万马忙论文的最大"成果"，就是我国的科技论文数量逐年猛增，SCI 论文在2010 年就"跃居"世界第二。数量虽多，质量却让人大跌眼镜：平均每篇论文的被引用次数仅为 5.87 次，远低于 10.57 次的世界平均值。更让人汗颜的是，我国的科技人员数量已居世界第一，自2005 年以来科技经费投入每年以 20% 以上的速度增长，去年更是高居全球第二，但真正的原始创新成果乏善可陈，更不用说获诺贝尔奖了。与我国"SCI 论文全球第二"形成鲜明对比的是，我国的对外技术依存度依然达 50% 以上（发达国家平均在 30% 以下，美国、日本则仅有 5% 左右）；我国光纤制造装备的 100%，集成电路芯片制造设备的 85%，石油化工装备的 80%，轿车工业设备、数控机床、胶印装备的 70%，都要依靠进口。

学术造假屡禁不止。论文崇拜的另一大恶果，是学术造假时有发生，甚至愈演愈烈。由于没有一定数量论文就评不上职称、拿不到课题，一些科研人员要么捏造数据，要么抄袭他人成果；更有甚者不惜花钱买论文、发论文。武汉大学信息管理学院副教授沈阳及其团队经研究发现，买卖论文在我国已形成一个庞大而完整的产业链，2009 年产值已高达 10 亿元人民币！

许多有识之士指出，如果再不打破论文崇拜，提高自主创新能力、建设创新型国家的宏伟目标将难免落空。而要想彻底扭转"以论文论英雄"的局面，关键是要从源头入手，及早改革完善科技评价体系。据了解，早在 2003 年，科技部就联合有关部委研究制定了《科学技术评价办法（试行）》，对基础研究、应用研究、科技产业化等不同类别的科技活动确定了不同的评价目标、内容和标准。现在的关键是抓落实，不能仅仅发个文件就完事大吉。

（2011 年 4 月 18 日）

别迷失在"论文大国"里

就像只有某个国家（或地区）的奢侈品消费群体达到一定规模、具备相当的购买力，奢侈品制造商才肯在那里开专卖店一样，最近国际知名科学期刊《自然—通讯》首次在中国成立编辑部，自然是令人乐见的好事，至少说明中国的科研论文对国际科技期刊已经具备了相当的吸引力。

近年来，我国的科研经费持续增长，总量已居世界第二；研究人员数量快速增多，已位居世界第一。有道是水涨船高，中国在国际期刊上发表的论文数量也突飞猛进，论文数量已经跃居世界第二。

论文看数量也要看质量。不可否认，近年来我国的科研论文质量也呈现逐渐上升的趋势。正如《自然出版指数 2011》所显示的那样，中国的科研论文在全球最有影响力的论文中所占的比例，已从 2001 年的 1.85% 增长到 2011 年的 11.3%，名列全球第四。但如果从我国论文总量世界第一、科研人员数量世界第一来衡量，质量的上升显然滞后于数量的增加。据统计，我国科研论文的平均引用率，还排在世界 100 名开外。国内的科技界同行也有这样的共识：我国真正能在国际上产生重大影响的高水平论文还属凤毛麟角。

导致论文质量与数量不相匹配、落差巨大的一个重要原因，就是盛行多年的唯论文评价机制。

把所发表的论文作为判断科研人员的研究进展和学术水平的指标之一，本无可厚非。但遗憾的是，在我国，论文已日益成为判断科研人员学术水平高低的唯一指标；许多单位把论文与毕业、报奖、评职称、评院士、发奖金、课题评审、引进人才等"定向捆绑"——论文成了学术评价的"金标准"。

畸形的评价机制，催生出偏执的论文导向和狂热的论文崇拜。为了能快发论文、多发论文，一些科研人员挑选那些容易发论文、容易被引用的所谓"热门课题"，一些科研人员把本来应该一次发的论文拆成几篇陆续发表；更有甚者，伪造数据、搭车署名、剽窃他人的研究成果……大量垃圾论文和假论文的产生，自然就不奇怪了。

一般而言，量变会产生质变。但在上述"特殊"情况下，这一自然定律也被打破了。值得庆幸的是，"为论文而论文"的弊害已被越来越多的人所认识，新的评价机制正在酝酿出台，科研人员也正以自己的行动向"垃圾论文"说"不"。

真心希望这样的现象越来越多，成为潮流。

（2012 年 11 月 29 日）

"二流"岂能评"一流"

随着我国科技、高教事业的快速发展，各种各样的科技评审（估）日渐增多。无论是科研项目、人才计划的评审，还是学科建设、实验室发展和科研计划、科技专项实施效果的评估，评委的专业水平、学术鉴赏力直接关系到评审（估）的质量，其重要性怎么强调也不过分。

笔者在最近的采访中，不时听到这样的反映：在一些评审（估）活动中，一些评委的专业水平不高、学术鉴赏力不足，出现了"二流评一流"甚至是"外行评内行"的不正常现象。

俗话说"隔行如隔山"，对于专业性非常强的科技研发来说，就更是如此——同行都不见得看得清楚、评得准确，何况是外行。因此，在科技评审（估）中，小同行的意见应该是非常关键，也是最受尊重的。如果对所评的内容听不懂、拿不准，评委在评审（估）过程中就只能凭印象、凭感觉打分，或者"以数量论英雄"——看看你有多少学术头衔、得过什么奖项，数数你发了多少论文、所发的论文被多少人引用，至于所发论文有何独创性、对学科发展是否有贡献，就"有心无力"了。这样一来，"二流评一流""外行评内行"的质量和水平，就不难想象了。

严肃、专业的科学评审（估），为何会出现"二流评一流"乃至"外行评内行"的现象？

一个客观原因，就是组织方在遴选评估专家时采取了利益回避机制，凡是被认为与参评有利益关系的科学家，都被回避掉了。如此一来，许多高水平的科学家、小同行都不能当评委，就只好"退而求其次"了。据了解，这类现象还比较普遍。

利益回避是遴选评委专家的通用原则，无可厚非。是不是因为实行了利益回避，就没有办法避免"二流评一流""外行评内行"的弊端呢？办法还是有的，那就是：吸纳国际同行参加评审（估）。

国际评审（估）也是国际科技界通行的做法，其目的有两个：一个是解决因利益回避而出现的国内小同行不足，一个是最大限度地规避评审（估）过程中可能出现的人情操作。近些年来，国内的一些高校院所，例如中国科学院、国家自然基金委、北京生命科学研究所、清华、北大等，就引入了国际评审（估）机制，获得普遍好评。

我国科研实力不断提升，研发活动正在从过去的以"跟跑"为主向"跟跑""并跑""领跑"三者并行转变，引入国际评（审）估不仅条件日益成熟，而且也是势在必行。特别是考虑到国内评审（估）中的打招呼、拉选票、行政化等非学术现象屡禁不止，在不涉及国家机密的科技评审（估）中吸取一定比例的外国同行参与，就更有其必要性。

当然，采取国际评审（估）可能会带来一些麻烦，如把相关资料翻译成英文、增加一些差旅费等。但是，与"二流评一流""外行评内行"所产生的弊端相比，这些麻烦又算得了什么？

（2016 年 4 月 22 日）

从"挖矿"到"找矿"

前不久科技部中国科学技术信息研究所发布的最新中国科技论文统计结果，让人既喜且忧——

喜的是，2007 年至 2017 年 10 月，我国科技人员发表的国际论文不仅总量继续稳居全球第二，而且总被引用数达到 19335 万次，超越英、德升至世界第二位，提前完成了《"十三五"国家科技创新规划》确立的"国际科技论文被引次数达到世界第二"的目标；

忧的是，过去 10 年，我国国际科技论文平均每篇被引用数只有 9.40 次，尽管比上年有所提高，但依然没达到"篇均被引用次数 11.80"的世界平均水平。

作为展现研发成果的重要载体，科技论文特别是国际科技论文的多寡优劣，在很大程度上反映了一个国家的创新能力。从公布的统计数据看，我国的创新能力确实呈现出逐年上升的良好态势。就拿最能体现研究水平的高被引论文来说，截至 2017 年 10 月，我国高被引论文为 20131 篇，占世界份额为 14.7%，数量比 2016 年增加了 18.7%，世界排名保持第三。

有道是"不怕不识货、就怕货比货"——与科技强国相比较，就更能正确评判我国的水平。还是以高被引论文为例，排名第一的美国同期的高被引论文数为 69976 篇，是我们的三倍多；英国的研

151

发投入和科技人员都比我们少很多，但其高被引论文数达到25880篇，比我们多出近6000篇。

国际科技论文的整体情况，大抵反映了我国的科研现状：尽管近些年呈现量、质齐升的可喜态势，但依然是质量和数量不相匹配，原创能力不足、重大原创成果不多、核心关键技术依赖进口的局面依然没有根本改变。

党的十九大报告指出，创新是引领发展的第一动力，是建设现代经济体系的战略支撑。因此，无论是从科技自身发展的需求还是其所承担的使命看，我国的研发都要尽快从跟随式的"挖矿"转向原创式的"找矿"。只有这样，我国才能尽快告别"跟班式"科研，实现从科技大国到科技强国的转变；只有这样，科技创新才能成为名副其实的第一动力，为建设现代经济体系提供战略支撑。

"挖矿"与"找矿"一字之差，其价值却有天壤之别：前者只能"拾人牙慧"、挖别人剩下的贫矿，后者不但掌握优先"采矿权"，而且还能专挑含金量高的富矿。当然，从难度上看，两者也截然不同："找矿"者需要极大的勇气，不仅要经历千难万险，还要经受败多胜少的考验。

从"挖矿"转为"找矿"，首先需要"矿工"志存高远、追求卓越，既要有敢为人先、独辟蹊径的勇气，更要有板凳甘坐十年冷的定力和千磨万击还坚劲的韧劲儿。否则，恐怕就只能乖乖跟在别人后面捡漏儿了。

从"挖矿"转为"找矿"，还需要改革现有的科技评价制度。

趋利避害是人的本能，科学家也不例外。科技评价制度就如同高考指挥棒，有什么样的评价标准，就会有什么样的研发方式。目前我国的科技评价还普遍存在"论文数数"的现象：不管是晋升职称还是发年终奖、不管是课题评审还是引进人才，都离不开"数数"：要么数发表的论文数量，要么数论文发表期刊的影响因子，要么数论文发表后的被引用次数。尽管这种滞后的评价制度早就被科技界人士诟病已久、要求改革的呼声一直不绝于耳，但至今好像改观不大。

（2017 年 11 月 13 日）

九、关于学术打假

　　科学研究是发现真知、追求真理的事业，学术诚信既是科研的生命线，也是不容触碰的底线。

　　尽管国家早就提出对学术造假事件"零宽容"，"有一个处理一个，并公开曝光，决不让弄虚作假、剽窃抄袭行为有立足之地"，但时至今日，学术造假事件依然屡禁不止。更让人难以理解的是，对学术造假事件的处理大都大事化小、小事化无，距离"零容忍"还差十万八千里。

　　学术打假，是建设世界科技强国绕不过去的一道坎。

净化学风需动真格

唐骏"学位门"事件为何至今"高烧不退",成为国人乃至海外媒体关注的焦点?除了当事人的知名度颇高这个因素外,恐怕还因为它再次凸显了国人诟病已久的严峻事实:学术腐败屡禁不止,科研诚信岌岌可危。

远的不说,去年一年,被曝光的学术腐败事件就接二连三,令人目不暇接:浙江大学药学院原副教授贺海波多篇论文剽窃造假,西南交大副校长黄庆博士论文造假,郑州大学新闻与传播学院副院长贾士秋在教授职称评定中提交虚假材料,辽宁大学副校长陆杰荣与北师大在读博士杨伦的文章《何谓"理论"?》中至少有80%的内容属于原封不动"复制",井冈山大学讲师刘涛和钟华通过伪造数据两年内在国际学术期刊《晶体学报》连发70篇论文……

除了论文抄袭、造假,其他学术腐败现象亦不容忽视:走后门获取科研经费,编故事骗取奖项,集体作假应付评估检查……作假手段之多、造假歪风之盛,让人触目惊心。

上述种种学术腐败行为之所以屡禁不止、愈演愈烈,一个重要原因就是"好人主义"盛行,相关部门惩处不力。许多知情的同事、同仁"多一事不如少一事",对身边的造假行为视而不见、听而不闻，甚至是在造假行为被曝光后依然三缄其口、不置可否。造假者的所属单位，为维护本单位的"形象"和利益，或大事化小、小事化无，或采取拖延战术、不了了之，有的甚至找出种种理由为造假者辩护开脱；主管部门也是雷声大、雨点小，只见楼梯响、不见人下来，至今未能拿出一套可操作的、具有震慑力的惩戒办法。

事不关己、高高挂起的"好人主义"和虚张声势、息事宁人的打假潜规则，无疑是对学术腐败的包庇纵容。千人诺诺不如一士谔谔，只有更多的打假者仗义执言，才能形成"老鼠过街、人人喊打"的社会氛围，使造假者无处遁形，让想造假者悬崖勒马，让诚实守信成为主流价值观。揭穿造假者的鬼把戏，可能会给自己招致诸如"炒作""嫉妒"等无端指责，但清者自清、浊者自浊，最终换来的是社会风气的转变。君不见，唐骏"学位门"事件就引发了网上的"删学历"热潮：据"互动百科"的工作人员介绍，仅7月7、8两天，就有近百位名人主动修正了自己的简历。

学术腐败行为不仅恶化了学术风气、加剧了诚信危机，而且像可怕的癌细胞一样侵蚀着科学和教育的肌体，动摇着构建创新型国家大厦的根基。

人无信不立，学不诚难兴；教育是立国之本，科技是兴国之要，如果任学术腐败、科研造假之风蔓延肆虐，将后患无穷。希望能涌现出更多的打假勇士，不惧利害，敢于揭露造假者的劣行，还事实以真相；也希望相关政府部门和高校、科研单位、学术团体等，能说到做到，拿出实招，切实遏制学术腐败行为，为重塑社会诚信做出榜样。

（2010 年 7 月 19 日）

打假者被打的警示

被誉为"打假斗士"的科普作家方舟子，日前居然被两名歹徒在光天化日之下用辣椒水和铁锤袭击。消息传出，舆论哗然，无数网友强烈呼吁：尽快查明真相，严惩行凶的歹徒及其幕后黑手。

方舟子自 2000 年创办第一个中文学术打假网站"立此存照"以来，至今已整整 10 年。从"基因皇后"陈晓宁到"打工皇帝"唐骏，从"核酸营养品"到"造骨牛奶蛋白"，再到"养生大师"张悟本……10 年来，方舟子戳穿了许多造假的人和事，赢得了社会的尊重。

然而，就是这样一位学术打假者，自己居然被打了。打假者被打，发人深省：造假行为何以泛滥不止？造假者何以有恃无恐？

说到这儿，笔者不由想起方舟子在前不久接受媒体采访时所说的一句话：我觉得主要原因还是在于整个社会对于造假的惩罚机制不够健全。

此言可谓切中要害。其实，学术乃至其他领域的造假，并非我国所独有，就是在社会诚信度较高的美国，也不乏其人。但是，美国有专门的政府机构对学术造假进行调查，一旦认定某人有学术不端行为，不管他是学术权威还是科研新秀，都会指名道姓地公布调查真相，并由学校或科研机构做出行政处理，如降级、开除等；政府部门还会禁止其几年内申请政府资金或在政府委员会任职，严重的将被追究法律责任，锒铛入狱。

而反观近些年来我国有关部门对造假行为和造假者的处理，可以说是"雷声大、雨点小""喊得凶、打得轻"，大事化小、小事化无，甚至不了了之。就拿被方舟子揭穿的造假事件来说吧：珍奥核酸已被卫生部、国家工商总局认定做虚假宣传，但目前还在招摇过市；唐骏的所谓"美国加州理工学院博士"学位和"大头贴照相机"等两项专利已经真相大白，但他至今"沉默是金"。

试想，如果造假者欺世盗名、骗取利益而不需要付出多大代价，被揭穿后依然我行我素，无人监管、少人查处，造假行为如何遏制？科学尊严如何维护？社会诚信如何树立？

激浊才能扬清，除恶才能扬善。反之，如果对造假行为知而不揭、揭而不打、打而不疼，无疑是对造假者的纵容、包庇，甚至是鼓励。有论者指出，方舟子的此次遭袭，与我们对造假行为的惩处不力不无关系。

所幸，党和政府对此已有清醒的认识。有关领导在今年3月底举行的"科研诚信与学风建设座谈会"上郑重指出：我们要建立完善的监管体系，对科研活动的全过程实行强有力的监管，抓住最容易出问题的领域，加大监管力度，不留漏洞和死角。要采取"零宽容"政策，严格要求，严厉约束，有一个处理一个，并公开曝光，决不让弄虚作假、剽窃抄袭行为有立足之地。

实事求是是科学研究的最基本要求，学术造假不仅侵蚀着科学和教育的肌体，蚕食着构建创新型国家大厦的根基，而且吞噬着社会的良知和正义，扭曲了社会的主流价值观，乃至于败坏了国家的形象、毒害着祖国的未来，如果听之任之，将后患无穷。

期盼方舟子遭袭事件能够唤起有关部门的警觉，并采取切实措施，对造假行为尽快建立有效的惩罚机制，让造假者付出应有的代价，让打假者得到应有的尊重。

（2010 年 9 月 6 日）

莫让"零容忍"变成"零作为"

对学术不端行为"零容忍",是国际科学界遵循的共同准则。然而,在近来被热议的"王志国论文"事件上,中外有关方面的态度和做法却大相径庭。

"千人计划"入选者、教育部"长江学者"讲座教授王志国,是加拿大资深科学家、蒙特利尔大学教授、蒙特利尔心脏研究所某实验室负责人。2011年6月,他得知自己发表在《生物化学期刊》的两篇论文有"图像问题"后,主动要求撤销这两篇文章。而这两篇论文的另一名共同通讯作者,是中国工程院院士、哈尔滨医科大学校长×××;其参与单位,按排序分别为蒙特利尔心脏研究所、蒙特利尔大学药学系,哈尔滨医科大学药理学系、心脏血管研究所;其经费来源,一部分来自加拿大一方,另一部分来自中国,分别为国家重点基础研究发展计划(973计划)和国家自然科学基金。

6月底,蒙特利尔心脏研究所在收到两篇文章撤稿消息后,立刻启动调查。9月2日调查结束后,蒙特利尔心脏研究所认为:依据蒙特利尔心脏研究所研究机构方针以及科学研究的最高道德标准,王志国偏离了蒙特利尔心脏研究所开展科学研究的道德标准,也偏离了他作为研究人员的职责。为此研究所决定,取消王志国的科研权利和他的研究者身份，关闭其实验室；另外，建议王志国同时将另外 3 篇已发表的论文撤稿。

与蒙特利尔心脏研究所的雷厉风行形成鲜明对比的，是我国相关单位的表态。哈尔滨医科大学称：我们这块没有问题，是加拿大那边的事。教育部科技委学风建设委员会主任吴常信称：并没有接到相关的举报信，根据程序是要先有揭发资料，然后教育部委托相关机构进行调查，最后根据实际情况再考虑如何处理。

王志国论文事件再次说明，"零容忍"原则在我国科学界远未落到实处，许多部门和单位甚至是"零作为"。在去年的全国两会上，全国政协常委、教育部社会科学委员会委员兼学风建设委员会副主任、复旦大学教授葛剑雄，就曾经直言不讳地指出：中国教育管理部门对学术腐败问题处理几乎是"零作为"，致使学术腐败现象在中国内地愈演愈烈。

对于包括论文造假在内的学术不端行为，相关部门和单位不可谓不重视，都设有所谓的"学术道德委员会""学风建设委员会""科研诚信办公室"等学术监督机构，"零容忍"的宣示也不绝于耳。但人们看到的，却是雷声大、雨点小，特别是当事人是院士、校长时，更是大事化小、小事化了了。此前广受诟病的中科院院士魏××和中国工程院院士李××涉嫌"论文造假"事件，莫不如此。上梁不正下梁歪，如果因为当事人是院士、是校长，就视而不见、不了了之，其危害更大。

刮骨方能疗毒，惩前才可毖后。在当前科研经费大幅增加的情况下，更需要把"零容忍"真正落到实处，对学术不端事件严格惩处。否则，只会助长不正之风的蔓延，糟蹋更多的科研经费。

王志国论文事件发生后，他本人已郑重道歉，并表示承担全部责任。但是，作为课题的合作研究单位和论文的共同通讯作者，哈尔滨医科大学校长×××怎么可能一点责任都没有？而支持这两项课题的国家重点基础研究发展计划（973 计划）和国家自然科学基金的管理部门，又岂能"民不告官不究"？

据报道，中国工程院科学道德办公室称：已经对王志国论文事件有所了解，将会做进一步的调查。人们期待着，相关部门能本着"零容忍"的原则，查个水落石出。

（2011 年 9 月 22 日）

惩治学术不端呼唤"黑脸包公"

"必须抓紧建立完善合理有效、公正公开的学术不端行为查处制度，加大监管力度，对通过合理渠道递交的举报材料要抓紧调查，坚决处理，并及时公布调查和处理结果"——前不久，在中国科协、教育部、中科院、社科院和中国工程院5部门联合召开的全国科学道德和学风建设宣讲教育工作会议上，全国人大常委会副委员长、中国科协主席韩启德的这番呼吁，赢得与会者的热烈掌声。

韩启德的话之所以会引发共鸣，原因至少有二：

其一，是近年来教育、科技界的学术不端行为有增无减，甚至有愈演愈烈之势：论文和著作的造假、抄袭、剽窃、搭车署名等行为时有发生；伪造学历、伪造SCI引用查询证明等造假事件屡屡曝光；报奖时偷梁换柱、移花接木、炮制假成果，对评委搞公关；有些院士候选人提供虚假材料，甚至动用单位力量拉选票……这些不端行为严重损害了学术界的公信力和社会形象，败坏了我国的学术空气，令有识之士忧心忡忡。

其二，是面对屡屡曝光的学术不端行为，有关部门雷声大、雨点小，甚至干打雷、不下雨；有关领导信誓旦旦的"零容忍"宣誓只闻其声、不见其行，让社会各界大失所望。

加强科学道德和学风建设、惩治学术不端现象，教育和自律固然重要，但当前最急需、最有效的，莫过于严格照章办事，认真查处不端行为，对当事人予以严惩。正如有关领导所宣称的那样：对不端行为要实行"零容忍"，一旦发现学术不端行为，要敢于下猛药，发现一起，调查一起，处理一起，曝光一起。

近年来，我国陆续制定发布了针对学术不端行为调查处理的法律法规、政策性文件和学术规范，许多部门、单位成立了相当级别的专门机构，如"诚信办公室""诚信委员会"等。但正如韩启德所说：从实际情况看，有些规章和要求还停留在文件上，没有完全落实到位，一些问题需要作出严肃处理时却失之于软、失之于轻。

为什么有关部门和单位在查处学术不端行为上失之于软、失之于轻，大事化小、小事化无？一个重要原因就是：不愿得罪人，或者是害怕拔出萝卜带出泥，引火烧身。

无数事实已经证明，如果只是虚张声势、光说不练，无异于是对学术不端行为的放任纵容、推波助澜。正如有识之士指出的那样，随着科教兴国和人才强国战略的深入实施，各部门、各地方在科技创新和招才引智上的投入力度空前加大，加强学术诚信、惩治学术不端已成为主管部门和单位不可推卸的应尽职责。如果有关部门和单位只热衷于当立项、分钱、评奖、表彰的"善财童子"，而不愿做秉公执法、不徇私情的"黑脸包公"，恐怕学术不端行为会更加猖獗泛滥，类似赔了夫人又折兵的"汉芯"造假事件难免重演。

（2012 年 6 月 14 日）

像反腐败那样反对学术不端

"如今，学术不端成了过街老鼠，人人喊打。但是，人人喊打的同时，老鼠还是很猖獗地活着，甚至还有人一边喊打，一边还做老鼠，为什么？"

在前不久举行的第17届中国科协年会上，中国科协主席韩启德的这番话引起了与会者的强烈共鸣。

近年来，数据造假、论文抄袭、搭车署名等学术不端行为有增无减，甚至有愈演愈烈之势。就在前不久，英国大型医学学术机构 BioMed Central 宣布撤销在其所属刊物发表的 43 篇论文，其中 41 篇来自中国。此事在国内外学术界掀起了轩然大波，严重损害了我国科学家的社会公信力和国际形象。

科学是追求真理、揭示真相的高尚之事，容不得半点虚假。屡禁不止、五花八门的学术不端行为，不仅造成了科研经费的巨大浪费，还败坏了学术风气、侵蚀着科技大厦的根基，并导致一些年轻人是非不明、行为扭曲，影响了科技队伍的健康成长。"千里之堤溃于蚁穴"，如果任学术不端行为蔓延滋长，其后果想想都可怕。

如何才能有效遏制学术不端？韩启德开出的药方是：像中央反腐败一样，以更大的决心和力度反对学术不端行为，让"过街老鼠""不敢腐、不能腐、不想腐"。

反对学术不端，要像反腐败那样"有腐必反、有贪必肃"，对腐败分子"零容忍"。其实，早在几年前有关领导就要求对学术不端"零容忍"，发现一起、调查一起、处理一起、曝光一起；相关部门和单位也制定了针对学术不端行为调查处理的具体措施，并设立了专门机构，负责对学术造假等行为的调查、处置。让人遗憾的是，上述要求和举措至今依然停留在口头和文件上，有关部门和单位在查处学术不端行为时往往"雷声大、雨点小"，许多问题都"大事化小、小事化了"，最后不了了之。无数事实证明，虚张声势、光说不练，不啻是对学术不端行为的放任纵容。

反对学术不端，要像反腐败那样注重制度建设，尽快建立科学合理的学术评价体系。釜底抽薪之举，是切实扭转"唯论文论英雄"的错误做法。职业不同、研究类型不同，本应采取不同的评价指标。比如，对于一线的临床医生来说，能否治病救人是衡量其水平高低的首要标准；对于从事基础研究的科学家来说，最重要的是获得前人没有突破的新知识、新发现；对于从事技术工程的工程师来说，最根本的是解决生产中的实际问题。然而，目前论文成了唯一的评价标准，医生、老师没有论文就评不上职称，硕士、博士没有论文就毕不了业，科技人员没有论文就拿不到课题、评不上院士。就像高考指挥棒造就了数以万计的"考试机器"一样，论文指挥棒已经异化为数据造假、论文抄袭、搭车署名等学术不端行为的助推器。

　　许多有识之士指出，虽然学术不端与腐败贪污性质不同，但其危害同样不容小觑。只有像反腐败那样从严惩处、标本兼治，才能有效遏制学术不端泛滥的势头，确保我国的科技事业健康快速发展。

（2015 年 5 月 29 日）

学术诚信要有"牙齿"

据《科技日报》报道，在前不久中科院学部举行的科学与技术前沿论坛上，清华大学物理系教授朱邦芬院士直言：受多种因素的影响，我国科研诚信问题涉及面之广及其严重程度史无前例。

朱邦芬院士所说的"史无前例"并非危言耸听。近年来，诸如伪造数据、资料或结果，在科研材料、设备或研究过程中作假，窃取他人的思想、方法、成果或文字等学术不端行为不时出现，甚至呈现有增无减、愈演愈烈的趋势。在此仅举两个例子：

2015年5月，英国大型医学学术机构现代生物出版集团（BioMed Central）宣布撤销在其所属刊物上发表的43篇论文，其中41篇来自中国；

2016年9月，美国知名网站"抄袭监察"（Plagiarism Watch）通过其英文论文抄袭检测系统发现，世界科学史上最大规模的一家英文论文造假公司与一家巴西SCI杂志默契合作，有偿为中国学者发表了大量涉嫌抄袭、造假的论文。该网站发布的报告甚至建议：中国政府、大学和机构、出版商应该采取措施，阻止"中国研究滑向深渊"。

比例如此之高、数量如此之多、手段如此恶劣的学术不端行为，不仅在我国"史无前例"，恐怕在全球也是"史无前例"。

如何遏制"史无前例"的学术不端？国家自然科学基金委主任杨卫院士一针见血地指出：治乱须用重典，诚信建设要有"牙齿"。

诚哉此言。学术不端行为之所以愈演愈烈，除了"以论文论英雄"的制度缺陷，另外一个重要原因就是我国在处理学术不端时嘴硬手软、缺少"牙齿"。虽然相关部门和领导多次宣示"对学术不端要零容忍"，但大多停留在口头上、止步于文件上，雷声大雨点小；尽管主管部门和高校、科研机构都设有所谓的"学术道德委员会""学风建设委员会""科研诚信办公室"等学术监督机构，但人员多为兼职，机构形同虚设，对于学术不端行为往往"睁一只眼闭一只眼""民不告官不究"，以至于"零容忍"沦为"零作为"。此外，相关文件也过于笼统，缺乏可操作的具体规定和有威慑力的惩戒措施。

去疴要服猛药，治乱需用重典。要想早日遏制愈演愈烈的学术不端行为，必须像反腐败那样，让学术诚信建设"长出牙齿"：在国家和单位层面上，建立真正的第三方独立学术监督机构，并让其有职有权、有人有位、有责有钱，不尽责就追责，让他们切实担负起惩治学术不端行为的使命；在制度建设上，建立重典，划出红线，给出可操作的细节，使调查过程有效率，处罚结果有震慑力。

官员腐败不除，误党害民；学术造假不禁，科技难强。时至今日，对于学术不端行为的危害性，必须要有清醒的认识。从科研产出上看，学术不端行为导致学术研究的低水平重复，催生了大量的垃圾论文乃至假论文、假成果，致使原创性的研究成果乏善可陈；从科研资源上讲，财政经费来之不易、数量有限，学术不端行为浪费了有限的经费，糟蹋了宝贵的资源。更重要的是，学术不端行为消解了求真求实的科学精神，践踏了公平竞争的学术规则，扼杀了学术公信力，败坏了社会风气，损害了中国科技界的国际声誉，有百害而无一利。

是时候了——让学术诚信建设"长出牙齿"，把"零容忍"落到实处，遏制学术不端行为的蔓延，让学术不端者尝到苦头，早日还中国学术界一片净土！

（2016 年 11 月 21 日）

十、关于创新创业

　　近两年猝不及防的中兴、华为事件，让越来越多的人们认识到：企业的创新能力强弱与否，对于一个国家而言是多么重要！

　　与在办公室、实验室就可完成的基础研究相比，基于技术研发的创新创业环节更多、涉及的面更广，其难度并不小于前者。

　　如何让更多企业成为真正的技术创新主体，不仅离不开国家的政策导向，也与公众的行为选择和社会风气息息相关。

"三不"现象说明什么

据报载,某省政协委员日前就《国务院关于印发实施〈国家中长期科学和技术发展规划纲要(2006—2020年)〉若干配套政策》(以下简称《配套政策》)的实施情况到基层调研时,一些企业负责人的"三不"回答让他吃了一惊:"不知"国家颁布了那么多好的科技优惠政策,"不懂"某些政策的实施细则如何操作,"不敢"向主管部门反映自己的意见。

"三不"在全国并非个别现象,有些地方还比较突出。早在2006年2月国务院发布《国家中长期科学和技术发展规划纲要(2006—2020年)》(以下简称《规划纲要》)时,就同时推出了60条"配套政策",并要求16个有关部门尽快出台必要的实施细则。其初衷,就是营造激励自主创新的良好环境,推动企业尽快成为技术创新的主体。在《配套政策》出台两年半之后的今天,还存在并非个别的"三不"现象,不能不引起反思。

把国家鼓励企业开展技术创新的优惠政策落到实处,离不开以下几个环节:通过广泛、深入的宣传,让企业知晓这些政策;出台可操作性的实施细则,让企业能够有章可循;对于企业操作过程中存在的问题,主管部门应耐心听取、热心解答。不可否认,自"配套政策"发布以来,国务院各有关部门相继出台了70多个相应的实施细则，也做了大量的宣传、培训工作，取得了一定成效。但是，"三不"现象也提醒人们：政策的宣传工作做得不深、不透、不到位，还存在很多空白点；一些已经出台的实施细则内容还不够明晰、程序还不够明了、标准还不够明确，企业难以照章办事；一些关键性的实施细则还千呼万唤不出来，企业只能望洋兴叹；一些主管部门的官僚主义还比较严重，服务意识还比较淡薄，以至于企业因害怕"穿小鞋"、只好"哑巴吃黄连——有苦难言"。

企业的创新能力整体不强，不仅是我国经济运行质量不高的一大症结，也是建设创新型国家的一大软肋。为此，国家一再强调，要想方设法使各种创新要素向企业集聚，尽快使企业成为自主创新的主体。自去年以来，在海外市场普遍不景气、人民币升值、原材料价格上涨、劳动力成本提高、出口退税降低、通货膨胀等多重压力的逼迫之下，企业的创新意识迅速觉醒，创新愿望空前迫切。

机会稍纵即逝、机遇失不再来。希望有关部门能够进一步增强自主创新的责任感、紧迫感和服务意识，认真倾听企业的呼声，急企业之所急、给企业之所需，还未出台的实施细则抓紧出台，已经出台的深入宣传、认真落实，早日让国家的科技优惠政策之光普照所有积极投身技术创新的企业，尽快让"三不"现象少些、再少些。

(2008 年 9 月 4 日)

从炒房到炒技术

时下，以"炒房"而闻名全国的浙江温州富豪在做什么？《科技日报》的一篇报道令人眼睛一亮：从 2011 年 10 月份以来，在当地政府部门的引导下，温州的民间资本正由原来的"炒房"，开始转向"炒技术"，为科技型中小企业发展雪中送炭，帮助其提高技术研发能力、加快技术成果产业化。

民间资本从"炒房"转向"炒技术"，不啻是"中国制造"向"中国智造"转变大潮中的一股"热流"。量大面广、创新活跃的科技型中小企业，是技术成果转化和经济转型升级的重要力量。但由于这些企业缺少厂房、设备等抵押物，普遍面临融资难的困境。为破除这一瓶颈，北京、江苏、上海等地的科技部门联手金融部门，推出了高新创投基金、知识产权质押贷款、科技银行等。政府部门的这些新举措虽然使融资难问题得到一定程度的缓解，但由于僧多粥少，无异于杯水车薪，数以万计的科技型中小企业依然嗷嗷待哺。

经过 30 多年的积累，长三角、珠三角等经济发达地区的民间资本极为雄厚。在原材料涨价、人力成本上升、资源型产业难以为继的情势下，许多民企老板手握真金白银，却苦于找不到理想的投资项目。如果政府部门能因势利导，吸引数量可观的民间资本从

"炒房"转向"炒技术",无疑会成为科技型中小企业快速成长的及时雨,对于转变发展方式和经济结构调整善莫大焉。近几年在江阴等地,已经出现了民营资本家与科技创业者"联姻"的可喜现象,其前景值得期待。

与运作成熟的"炒房"相比,民间资本"炒技术"毕竟属于新生事物,有许多问题值得关注,急需有关地方和部门伸出援助之手。

首先,信息渠道要畅通。隔行如隔山,科技部门可通过举办洽谈会等有效形式牵线搭桥,让资金供需双方充分交流、深入了解,破除信息壁垒。

其次,中介服务要跟上。除了信息不畅,困扰投资者的另一大难题,就是对新技术、新产品的评估。新技术值多少钱?新工艺靠不靠谱?要解决这些专业性很强的问题,就必须培育专业的中介机构,提供可信的服务。

再次,投资风险应防范。与炒房、炒股一样,"炒技术"也肯定避免不了风险,在一定意义上讲甚至风险更大。因此,地方政府除了规范投资行为、做好事前预防,还应未雨绸缪,出台诸如贴息贷款、风险补偿等措施,尽量分散投资风险、减少投资损失。

逐利是资本的天性,要想让民间资本"炒技术"蔚然成风、长盛不衰,还需要国家坚持房地产调控政策不动摇,并把各项鼓励创新的优惠政策落到实处,否则很可能会成为令人惋惜的昙花一现。

(2011 年 12 月 8 日)

多培育"科技小苗"

前不久到无锡采访，无锡市科技局局长吴建亮的一番话给记者留下了深刻印象。

他说，一个地方要想加快发展，主要有两种途径：一种是"招才引智"，吸引科技领军人才创新创业；另一种是"招商引资"，吸引大企业来本地投资建厂。前者好比培育小苗，后者则像城市绿化中盛行的移栽大树。从无锡的实践来看，要想通过创新驱动实现产业转型升级和发展方式转变，还是要多培育科技"小苗"。

吴建亮的话，让笔者想起了此前到重庆采访时的见闻。该市随处可见近两年移栽的银杏树，直径大都在 20 厘米以上。虽然号称大树，但却名不副实：为了提高成活率，原来硕大的树冠被砍去大半，只剩下稀疏的主枝；为了防止被风刮倒，每棵树都有四五根木棍、竹竿支撑着，活像拄着拐杖的老人，毫无生机。与这些半死不活的大树形成鲜明对照的，是榕树、黄桷树等本地树种：虽然它们的个头小了许多，却都绿意葱茏、生机盎然。

两相对比，移栽大树和培育小苗哪一种绿化效果更佳、哪一种生命力更强、哪一种成长性更好，一目了然。

虽然发展经济与城市绿化不尽相同，但却有许多相似之处。与引大投资、招大项目相比，培育科技型小微企业尽管体量小、见效慢，但却有显著的自身优势：科技含量高、竞争力强、附加值高、发展潜力大，而且消耗的资源少、排放的污染低。只要假以时日，这些"科技小苗"就会长成枝繁叶茂的参天大树。大力培育科技型小微企业，应是实施创新驱动发展战略、加快发展方式转变的重要途径。

无锡市近年来的实践，就是生动的例证。该市自 2006 年起推出吸引海外高层次人才创新创业的"530"计划以来，已有 1700 多家科技型小微企业安家落户，主要集中在微电子、物联网、新能源、生物医药等高新产业。大批拥有核心技术和自主知识产权的"科技小苗"落地生根，不仅使当地的产业结构明显改善，而且为无锡未来的健康发展攒足了后劲。据了解，在去年落户的 100 多家企业中，当年销售超过亿元的有 3 家，超过 5000 万元的有 5 家，超过 1000 万元的有 20 家。

正如歌曲中所唱的那样：如果没有天上的雨水，海棠花儿不会自己开。要想让"科技小苗"成活、长大、长高，必须提供肥沃的土壤和充足的阳光。拿无锡市来说，近些年连续出台了系列配套政策措施，在政府服务、资金投入、创新平台搭建、科技金融服务等方面动足了脑筋、下足了功夫，营造出引人留人、创新创业的良好氛围。

俗话说得好：十年树木、百年树人。多培育"科技小苗"还有一个重要前提，那就是：各级党政领导要树立"前人栽树、后人乘凉"的政绩观，着眼长远，甘做铺路石、乐于打基础。

（2013 年 2 月 1 日）

企业主体是王道

"你能举出几位国外知名的育种专家吗？但你不会不知道孟山都、先锋等跨国种子公司吧？"前不久采访农业部种子局副局长廖西元时，他的这个发问让人深思。

同样值得深思的或许还有——

种业市场自 2001 年开放以来，我国的农作物种子频频告急：约95%的甜菜、50%以上的食葵、相当份额的高端蔬菜，被洋种子取而代之；

我国目前拥有超过 600 亿元的巨大市场，但迄今为止却没有一家种子企业能进入世界十强……

对于上述现象背后的根本原因，国内种业界已达成广泛共识：同其他产业一样，研发和生产销售长期脱节，未能形成以企业为主体的"育繁推"一体化育种体系。

种业主要包括品种选育、种子繁殖、推广销售等三大环节，既有研发的性质，更是以需求为目标、市场为导向的商业化行为，三大环节环环相扣、相互影响，是一条密不可分的完整链条。要想使育种产生最大的效益、形成强大的竞争力，必须让三大环节环环相扣、实现无缝对接。在市场经济条件下，能做到坚持市场导向，使统筹三大环节、实现无缝衔接的，不是高校院所，而是企业。

他山之石可以攻玉。仔细考察全球知名的跨国种子公司，不难发现一个共同点，那就是：紧紧围绕满足市场需求这一核心目标，实行市场化导向、规模化研发、专业化分工、集约化运行。这一以企业为主体的市场化育种模式，把新品种选育、种子繁殖和推广销售紧密地结为一体，最大限度地减少了浪费、提高了效率、满足了市场需求，形成了高投入、高产出、高回报的良性循环，企业得以迅速崛起。

而我国的种业现状，弊端不少：承担育种任务的高校院所很难做到市场化导向，辛苦培育的许多新品种由于达不到制种、推广的要求；由于与企业合作不畅，高校院所只好自己制种、推销，事倍而功半；主要负责种子销售的企业由于没有研发能力，形不成核心竞争力，很难做大做强，一旦遭遇综合实力雄厚的跨国公司就难以招架……

有鉴于此，凝聚了各方智慧的《国务院关于加快推进现代农作物种业发展的意见》明确提出：坚持企业主体地位，以"育繁推一体化"种子企业为主体整合农作物种业资源，建立健全现代企业制度，通过政策引导带动企业和社会资金投入，充分发挥企业在商业化育种、成果转化与应用等方面的主导作用。

正反两方面的经验说明，让企业尽快成为种子选育、繁殖、推广的主体，才是民族种业迅速做强做大、与跨国公司同台竞争的"王道"。

种业是如此，其他技术含量高的产业又何尝不是这样？

（2013 年 3 月 25 日）

支持创新　从我做起

无锡信捷电气股份有限公司，是一家从事工业自动化产品开发应用的高新技术企业。前不久到该企业采访，给笔者留下深刻印象的，不是他们如何奋勇攻关、研发具有自主知识产权的产品，而是公司支持国货的做法：凡是生产所需的设备、软件，能用国产的尽量用国产的；员工购买家用轿车，买民族品牌的每辆补贴 3 万元，买进口车的则全部自己掏腰包。

上述支持国货的"土政策"，源自董事长李新创业之初遭遇的"创新烦恼"：企业费尽九牛二虎之力研发出的新产品，总体性能指标并不比进口的同类产品差，价格还比进口的便宜很多，可就是得不到用户的信任，常常被拒之门外。最后他们不得不采取免费试用、甚至是无偿赠送的办法，推销自己的创新产品。不怕不识货、就怕货比货，用户使用信捷的新产品之后，才改变了对国货的偏见，对他们的产品刮目相看。

"现在中国最缺乏的，就是对自主创新产品的信任。"说到这里，李新感慨颇多：当然，这也不能全怪消费者。其中一个重要原因，就是我国原来自主创新的产品少，仿制的多、进口的多，久而久之，就在社会上形成一种根深蒂固的偏见：洋品牌什么都好，国产的东西尤其是新研制的产品，不成熟、不可靠。

　　李新的这番感慨，想必绝大多数从事创新的企业都有同感。笔者在多年的采访中，也碰到很多类似的事例，许多企业负责人甚至发出这样的哀叹：创新难，创新产品推广应用更难！

　　消费者要求产品"成熟、可靠"自然无可厚非，但实事求是地讲，要想做到完全成熟、绝对可靠是非常困难的事，对于新产品来说就更是如此——时常见诸报端的汽车大规模召回事件，就是典型的例证。无论是国内还是国外的创新产品，都是在使用的过程中发现问题、改进提高，从而日臻成熟趋于完美的。

　　对于积极从事创新的企业来说，用户的支持至关重要。一方面，只有用户积极采购、使用，企业的新产品才能在应用中发现缺陷和问题，从而不断改进设计方案、技术路线或者是生产工艺，从而不断提高产品质量和可靠性；另一方面，研发新产品时间长、投资大、风险高，只有卖得出去，才能收回成本、赚取利润，也才能拿出资金投入新一轮研发，形成良性循环否则很容易造成资金链断裂、陷入困境甚至破产。其实，因创新产品卖不出去而"死在路上"的例子并不少见，坊间流传的"不创新是等死、创新是找死"，并非是空穴来风。

　　从日本和韩国的汽车工业崛起之路，就更容易看出消费者支持的重要性。20世纪50—60年代，两个国家的汽车工业在欧洲、美国遥遥领先的背景下先后艰难起步，其难度可想而知。在出口无门的情况下，正是由于本国政府的大力扶持和国内消费者的热情支持，他们的汽车产业才得以日益提高、日趋成熟，并成功走向世界。

支持国内的创新产品，各级政府和领导干部自然应当率先垂范。近来国家领导人在接待外宾时使用国产的新款红旗轿车，无疑发出了令人振奋的信号。如果各级政府和领导干部的"支持国货、从我做起"，相信会有越来越多的国人愿意购买、使用国产的创新产品。

当然，锐意创新、志在高远的企业，也要在提高自主创新能力和生产工艺、质量管控上下大功夫，用卓越的品质、可靠的性能、精美的外观、友好的体验，赢得消费者的支持、回报消费者的信任。

（2013 年 5 月 27 日）

科技创新忌"马上"

"马上发财""马上成功"……马年春节,"马上"体短信、微信满天飞,在亲朋好友间传递热切美好的祝愿。但祝愿归祝愿,现实归现实,许多事情不可能"马上就好""马上就来",科技创新尤其如此。

"板凳坐得十年冷,文章不写半句空。"无论是基础科学研究还是应用技术开发,都有不以人的主观意志为转移的自身规律,需要长年累月的潜心耕耘才能到达成功的彼岸。打破连续3年空缺尴尬、荣获2013年度国家自然科学一等奖的铁基高温超导研究项目,凝聚着中科院物理所赵忠贤团队20多年的心血;挽救了上百个国家数百万人生命的抗疟疾药物青蒿素,是女科学家屠呦呦在异常艰苦的年代里历经数百次失败才取得的珍贵结晶……一分耕耘一分收获,那些小发现、小发明也都是"艰难困苦玉汝于成",只不过所花费的时间有长短、付出的心血有多少罢了。

要想坐得住冷板凳、沉下心来搞研发,必须有"只管耕耘、莫问收获"的心态和"不管东南西北风、咬定青山不放松"的定力。如若心态不稳,就很容易急于求成、乱了方寸,结果会欲速则不达,影响正常的研发进程;如若定力不强,就难免见异思迁,这山望着那山高、哪个热门搞哪个,最终难有大成。至于那些为了成功而不择手段、投机取巧的抄袭造假行径，就更不足论了。

当然，要想让科技人员保持良好的心态、持久的定力，还离不开宽容、宽松的社会大环境。一个科研项目从基础研究到实际应用，需要一个漫长的过程，少则几年，多则十几年、几十年；除了时间积累，科技研发风险很高，费尽九牛二虎之力而"打水漂"的事儿在古今中外都不少见。对于科技创新的这些客观规律，各级领导、相关部门和社会各界都应有正确的认识，既不能要求太高、目标太大、期望太切，更不能采用工程建设的那套管理办法定期定量考核，否则只会拔苗助长、适得其反。

科技创新只有蹊径没有捷径。只有从春天就开始的默默耕耘，才能迎来秋天的累累硕果。又是一年芳草绿，希望更多科技人员能够静下心、稳住神，不急不躁、稳扎稳打，向着既定的目标潜心前行，力争在马年取得新进展、实现新突破。

（2014 年 2 月 21 日）

歧视国产医疗器械不可取

习总书记日前在考察上海联影医疗科技有限公司时，要求有关方面做好政策引导、组织协调、行业管理等工作，加快现代医疗设备国产化步伐，使我们自己的先进产品能推得开、用得上、有效益，让我们的民族品牌大放光彩。

多年研制血液净化设备的重庆山外山科技有限公司董事长高光勇说：这话真说到了点子上！医疗设备的技术创新虽然很难，但比技术创新更难的是推广应用。如果全社会多为国产设备提供用武之地，企业在创新之路上就能走得更快、更好、更远。

此言不虚。长期以来，我国的高端医疗设备市场一直被价格昂贵的洋品牌垄断，国产医疗设备生存空间狭窄，也在一定程度上导致患者的医疗费用持续走高。近些年，国内涌现出一批创新能力较强的医疗器械企业，他们自主研制的血管造影、血液透析、数字超声等现代医疗设备不仅整体质量达到国际先进水平，而且价格仅为国外同类产品的一半左右，相关耗材和维护费用也远远低于进口产品。但是，这些质优价廉的国产医疗设备却在推广中遭遇了一些医院特别是大型三甲医院的冷落和排斥：一些医疗机构在招标文件中特别注明"只采购进口设备"，有的甚至按某进口设备的技术参数量身定制招标文件，国产设备只能望"洋"兴叹。更有甚者，一听说"国产"两个字就大摇其头，连"免费试用"的机会都不给。

国产医疗设备之所以不受待见，一个很重要的原因是国产设备总体水平参差不齐，与国外同类产品相比，确实存在较大差距。医疗设备直接关系到人的生命健康，谁不愿意使用质量过硬、口碑良好、品牌响亮的产品呢？许多医院也对国产设备一直怀有成见，认为国产的就是不如进口的，动辄给国内企业自主研制的医疗设备贴上"不成熟""不可靠"的标签。实际上，质量和水平"没有最好，只有更好"，很难找到"完美无缺"的产品。特别是对企业通过自主创新研制的新产品而言，就更不大可能十全十美。即便是知名度颇高的国外大公司，其产品也是在长期使用过程中不断发现问题，逐步改进提高，从而日臻成熟精良。

业内人士指出，如果先进的国产医疗设备进不了大医院、缺少用武之地，将带来一些弊端。一方面，医疗设备研发周期长、投资大、风险高，如果国内企业辛辛苦苦研制出来的先进产品卖不出去，不但会严重挫伤他们的创新积极性，还会使企业因为无法及时回笼资金而举步维艰，影响持续创新；另一方面，如果国产设备始终"推不开、用不上"，将不利于国产医疗设备的技术进步和质量提升，进口产品的价格垄断也难以打破，既增加了国家的财政支出，又让广大患者的医疗费用居高不下。

医疗设备是特殊商品，质量的安全性、稳定性至为关键，不容忽视，国内企业还应在这方面苦练内功，提高效益，扎扎实实地增强产品竞争力，叫响国产医疗设备的品牌。同时，全社会也应保持创新自信，多给国内先进医疗设备一些用武之地，让国内企业能够直面市场竞争，迈上更高更宽广的台阶，并在应用实践中持续改进、稳步提高、日益完善，为保障国民健康和加快创新型国家建设发挥更大作用。

（2014 年 5 月 30 日）

科技富翁多了是好事

2015 年 10 月 1 日起发布的《促进科技成果转化法》，不久前在北京落地实施。该市发布的《关于大力推进大众创业万众创新的实施意见》规定：科技成果转化所获收益可按 70% 及以上的比例，划归科技成果完成人以及对科技成果转化做出重要贡献的人员所有。

这条消息传出后，社会上就有人预言：随着该政策的落实，有望诞生一批"科技富翁"。其实，这也是《促进科技成果转化》进行"大修"的题中应有之义。《促进科技成果转化法》修订稿在 2015 年 8 月 29 日获准通过后，全国人大常委会法工委社会法室负责人郭林茂在当天下午新闻发布会上就表达了这样的愿望："希望成千上万的科技人员能通过科技转化成为百万富翁、千万富翁，甚至亿万富翁……如果我国有一批科技人员通过科学技术转化成为先富有的人，那确实是我们国家之幸、民族之幸。"

创新驱动本质上是人才驱动，只有让科技人员通过成果转化获得合理的收益、使回报与贡献正向对接，这个"第一资源"的创新积极性才能被充分激发，更多技术成果才能以最快的速度转化为支撑经济社会发展的现实生产力，创造更多财富。从论文到现实生产力、从实验室样品到被社会认可的商品，并非局外人想象的那么简单，而是需要一个漫长而艰难的转化过程；科技人员在这一过程中付出的智力劳动，并不比发篇论文、研制个样品少。

只有让从事成果转化的科技人员得到合理的物质回报，才有望打破目前一统天下的"论文导向"，促使他们把创新的链条继续向下延伸，让实验室成果变为用得上、卖得出的新工艺、新材料、新设备、新产品，实现"科技让生活更美好"的愿景。

让更多科技人员通过合法收入成为百万富翁、千万富翁，也是提升科技人员社会地位、传递正确价值导向的有效途径。一个群体在社会上的地位如何，既要看"面子"，也要看"里子"。如果"尊重知识""尊重人才""尊重创造"只停留在口头上，恐怕很难入脑入心，更不用说蔚然成风了；如果科技群体的实际所得与其做出的贡献、创造的价值不成比例，恐怕很难有持久的创新热情，也很难吸引更多青年人加入科技创新的行列。

毋庸讳言，目前高校院所科技人员的工资待遇整体偏低，"科技青椒"的生活更说不上"体面"。其"坐冷板凳"的收入所得，不用说与煤老板、地产商、歌星、影星等"成功人士"有天壤之别，恐怕都比不上日进千金的"直播女郎"。

令人高兴的是，科技人员的收入状况已经引起高层关注。科技人员是科技创新的核心要素，是创造社会财富不可替代的重要力量，应当是社会的中高收入群体。在基础研究收入保障机制外，还要创新收益分配机制，让科技人员以自己的发明创造合理合法富起来，激发他们持久的创新冲动。

　　修改后的《促进科技成果转化法》，无疑为科技人员"合理合法富起来"开辟了新途径。期待相关部门和更多地方出台切实可行的操作细则，让这条路越走越宽、越走越畅通。

（2015 年 11 月 9 日）

赶超， 源自持续创新

2018 年年中盘点，一南一北两家企业的表现格外抢眼——

一是华为，其智能手机第二季度全球市场份额跃升至 15.8%，首次超越苹果，位居全球第二；

二是京东方，其电视液晶面板上半年出货数量达到 2584 万台，超过 LGD 排名全球第一。

华为和京东方之所以能后来居上、实现超越，背后的因素固然有很多，但有一点是共同的，那就是持续不断的科技创新。

先看华为，近十年该公司累计投入的研发费用超过 3940 亿元人民币，位列全球第三；累计获得专利授权 74307 件，其中 90% 以上的专利为发明专利。持续的研发投入，催生了世界首款人工智能处理器麒麟 970、全球首款徕卡三摄技术等领先的软硬件技术，不仅给客户创造了前所未有的新体验，而且破解了性能与能耗不可兼得的难题。

再看京东方。自 2003 年至今，京东方每年的研发投入占营业收入的比例一直保持在 7% 以上，最多的时候达到 10%；即便是在企业经营亏损的艰难时刻，京东方的研发投入比例都没有低于 7%。凭借"咬定青山不放松"的技术创新，京东方创造了多个世界第一：全球最高世代线 10.5 代线、超大尺寸 8K 超高清显示产品、多款可弯曲、可折叠、可卷曲的柔性 AMOLED 显示产品，不断引领技术进步的潮流。

持续的技术创新不仅降低了产品能耗、提高了利润率、丰富了客户体验、创造了消费新需求，还显著提升了企业的社会美誉度和品牌知名度。以华为为例：经过多年的努力，该公司的全球品牌影响力持续提升，全球用户考虑度已从 2016 年的 37% 提升到了 2017 年的 44%；2017 年的海外用户考虑度同比增长 100%，中国消费者考虑度更是提升至 68%。从中不难看出，技术是企业的立身之基，品牌则是企业快速成长的助推器，两者相辅相成、相映生辉。品牌知名度的提升，可以显著增加客户吸引力、增强产品议价能力，为企业的长远发展注入了强大动力。

特别值得一提的是，无论是在智能手机领域还是液晶显示屏行业，华为和京东方都是后来者。与三星、苹果、LG 等实力雄厚、知名度高的跨国巨头相比，他们显然是步履蹒跚、相形见绌的小弟弟。在与这些巨无霸同台竞争中，凭借初生牛犊不怕虎的勇气和十年磨一剑的创新韧性，华为和京东方逐渐掌握了核心技术，并不断创造新的技术爆点，最终实现了从追赶者到领先者的华丽转身。

俗话说：路遥知马力。看看与华为和京东方前后脚成立的同类企业，就可以更清楚地看到：技术创新是企业生存发展的根基，有核心技术不一定能赢，但没有核心技术一定会输。如果不在技术创新上下大气力，单靠低成本扩张、兼并重组或营销策略，固然可以风光一时，但却难以长时间地保持"风景这边独好"，更谈不上超越、引领了。

当然，技术创新不可能一帆风顺，既有失败的风险，也会面临短时的财务压力。在产业生态环境不健全、市场经济不完善的时候，可能会出现劣币驱除良币、甚至是"创新者找死"的不正常现象。近些年来，随着创新驱动发展战略的深入实施，创新政策日益完善、知识产权保护力度逐年加大、地方保护主义日渐式微、营商环境大为好转、产业生态更加健康，我国迎来了前所未有的技术创新黄金期。只要放眼长远、抓住技术创新这个核心和牛鼻子，选择正确的创新路径、持续加大研发投入，并辅之以与技术创新相适应的商业模式创新和经营管理创新，相信神州大地上会涌现出更多的华为、京东方。

（2018 年 8 月 27 日）

期待更多这样的"握手"

天上一轮才捧出，人间万姓仰头看——2016年9月19日下午首届"未来科学大奖"获奖名单一经揭晓，很快刷爆朋友圈，受到社会各界的广泛赞誉。

"未来科学大奖"之所以备受追捧，一个重要原因就是：这是首个由大陆企业家捐资设立的科学大奖，改写了此前中国民间科技奖项主要由香港企业家一统天下的历史，彰显了大陆企业家的新气象、新境界、新担当。

"未来科学大奖"堪称大陆企业家与华人科学家的第一次"握手"。沈南鹏、李彦宏、邓峰、徐小平等8位知名企业家捐资设立基金，由丁洪、饶毅、王晓东、李凯等9位著名华人科学家负责遴选事宜。"未来科学大奖"设有生命科学和物质科学两个奖项，每年评出两位在这两个领域做出卓越贡献的科学家，每人奖励100万美元。设立该奖项的初衷，是通过奖励对社会做出杰出贡献的科学家，启蒙科学精神，唤起科学热情，影响社会风尚，吸引更多青年投身于科学，实现中国的"科学梦"。

这一宏愿，可谓切中时弊。在加快建设创新型国家和世界一流科技强国的当下，科学研究特别是基础科学研究的重要性自不待言。然而，令人尴尬的是，今天科学家远没有得到应有的尊重，科

195

学新闻远没有娱乐圈的八卦吸引眼球，青少年对科学的热情与二十世纪七八十年代相比更是江河日下。如果长此以往，中国的科技事业怎不让人担忧？

这一义举，可谓雪中送炭。基础研究是技术创新的源泉、科技强国的基石，如果我们不能在基础研究特别是原创研究上取得重大突破，科技创新就很难实现从"跟跑"到"领跑"。而目前我国科技研发的软肋，恰恰是基础研究，不管是成果产出还是经费支持。虽然近些年我国的科技经费逐年稳步递增，但支持基础研究的经费仅占总研发经费的5%左右，不及美国的三分之一。由于得不到经费支持，加上巨大的生活压力，科研"青椒"逃离科研的现象时有发生。在科技发达国家，企业家支持、社会捐赠是基础研究经费的重要补充，而我国这方面基本上还是空白。

未来科学大奖的设立，彰显了大陆新一代企业家的社会担当，顺应了历史发展的潮流。支持、捐助科学事业，既是企业家履行社会责任的应有之义，也可以说是一项"优良传统"。比如，全球规模最大的私立医学科研机构——霍华德·休斯医学研究所，就是由美国航空工程师、企业家、电影导演霍华德·休斯在1953年出资成立的，目前该研究所无偿资助全球数百个一流实验室，培养了多位诺贝尔奖得主，如前不久去世的美籍华裔科学家钱永健。捐资设立科技奖项，也是企业家支持科学事业的重要途径。在我国，香港的多位知名企业家先后捐资设立了多个奖项，包括何梁何利奖、邵逸夫奖等；举世公认的诺贝尔奖，就是由集化学家、企业家于一身的瑞典人阿尔弗雷德·诺贝尔委托他的后人捐资设立的；就在2012年，俄罗斯的电子商务企业家尤·米里涅尔，出资设立了全球最高奖金科学奖——基础物理奖，每位获奖者的奖金高达300万美元。

常言说，取之有道、用之有方。得益于改革开放和科技的进步，我国已涌现出许多在亚洲乃至全球知名的企业家，支持科学、回馈社会正当其时、恰逢所需。期待更多有远见、有情怀的企业家与科学家"握手"，共同推进我国的科技事业进步。倘能如此，何愁社会风尚不改变，何愁科技事业不发达，何愁中华民族不昌盛？

（2016年9月21日）

十一、关于科学文化

　　尽管近一个世纪以前先贤们就把"赛先生"引入中国，但令人遗憾的是，迄今为止我国依然没有培育出健康的科学文化，比如：求真求实的作风、公开质疑的氛围、民主讨论的空气、就事论事的心态、愈挫愈勇的坚持、相互欣赏的眼光、宽容失败的雅量，等等。与此相反，随大流、好虚荣、爱面子、重人情、崇拜权威、重名轻实、沉默是金、明哲保身、党同伐异、枪打出头鸟、各人自扫门前雪等与科技创新格格不入的文化糟粕，依然大有市场。

　　科学文化虽然看不见、摸不着，但却实实在在、真真切切地影响着科技事业的健康发展，与世道人心、社会风气息息相关。

难能可贵是低调

2008 年 4 月，中科院物理所暨北京凝聚态物理国家实验室的 3 个研究小组和中国科技大学的 1 个研究小组在新高温超导"铁基超导"研究上取得的突破性进展，赢得了国际物理学界的高度评价。

4 月 25 日出版的《科学》杂志在报道该成果时称："新超导体将中国物理学家推到最前沿"，"许多科学家评论，中国如洪流般不断涌现的研究结果标志着在凝聚态物理领域，中国已经成为一个强国"；

美国佛罗里达大学的理论物理学家 Peter Hirschfeld 说："一个或许本不该让我惊讶的事实就是，居然有如此多的高质量文章来自北京，他们确确实实已进入了这个行列。"

诺贝尔物理学奖获得者 Philip Anderson 在谈到该研究的价值时说："如果新超导体的工作机制与铜氧化物超导体不一样，那么其意义可能更加重大。如果它真的是一种全新的机制，上帝才知道它将会走到何处。"

这样的成果无疑值得欣喜，但更令人欣喜的，是物理所的科学家们在发布该成果时严谨的作风和清醒的头脑。

其中一个研究小组的负责人赵忠贤研究员在回答记者"该项研究的重大意义"的提问时坦陈：我们目前只能说它在寻找新型

超导材料方面展示了新的前景，至于能否实际应用还难以下结论。越是在这个时候越要保持严谨的态度，来不得半点浮躁。

王玉鹏所长则更多地强调了"差距"：作为北京凝聚态物理国家实验室，我们还存在很多不足，比如关键的研究手段还很缺乏、引进的拔尖人才还不够多……

熟悉超导研究的人都知道，自 1911 年超导现象被发现以来，关于超导材料和超导技术的研究一直是国际物理学界的宠儿，已有 3 位物理学家在该领域取得突破性进展后不久就获得了诺贝尔奖。在我国，20 世纪 80 年代后期赵忠贤领导的研究小组曾在铜氧化物高温超导研究方面做出过杰出贡献而引起全球同行关注。相比之下，这一次的重大突破不仅引领了世界潮流，而且是多个研究小组同时开花，的确可喜可贺，值得大书特书。在这样的情境下，物理所的科学家们能如此低调，实在是难能可贵。

低调是科学家应有的品格。探究科学真理容不得半点虚假，科技创新必须实事求是，造假和忽悠不仅会阻碍科学的进步，也会误导公众、污染学风。在百舸争流、你追我赶的世界科技竞争大潮中，不进则退，今天是你领先别人，明天就可能被别人领先。只有不骄不躁、永不懈怠，才不至于被淘汰出局。

低调是建设创新型国家的必须姿态。虽然我国近年来取得了许多世人瞩目的科技成果，但整体上还处在学习、追赶的阶段，实现科技强国的梦想还有相当长的路要走；尽管我国某些科研成果在经济社会发展中发挥了重要作用，但与调整产业结构、转变发展方式的巨大需求还有相当大的差距，亟待解决的科技难题还比比皆是。因此，必须正视差距，时刻保持清醒的头脑，再接再厉，全力以赴。

当然，要想戒除浮躁、保持低调，除了科学家自身要提高修养、增强定力外，更离不开良好的社会环境和科学的评价体系。科技创新不可能一蹴而就、立竿见影，基础研究更不能急功近利。因此，社会公众对科学家不能期望太迫切、要求太苛刻，应学会"静候佳音"、宽容失败；在课题申请、评价考核方面，更要按科学规律办事，提供起码的条件和宽松的环境，能让科学家平心静气地坐下来，安安心心地做学问、搞研究。

在祝愿物理所的科学家们创造出更多佳绩的同时，也希望那些热衷于追名逐利的人们能够以此为榜样，吃得寒窗苦、坐得冷板凳，并实事求是地对待自己的研究成果。

（2008 年 5 月 2 日）

请用好每一分研发经费

前不久去位于长沙的国防科技大学采访，该校校长、"天河一号"总设计师杨学军的一番话令我怦然心动。在回答记者"创新动力来自哪里"的提问时，他说：虽然我国还是一个发展中国家，但国家对科技的投入每年都在持续增加。国家投了这么多钱，作为一名科技人员，如果承担了国家的科研项目而不去努力创新，就是在浪费国家的科研经费，甚至是一种犯罪。

之所以"怦然心动"，源自我的一番亲身经历。2007 年 10 月下旬，我到位于四川大凉山峡谷中的西昌卫星发射中心现场采访"嫦娥一号"的发射。在距离发射中心很远的山坡上等待火箭升空的时候，我无意中看到几位农民：有的在弯腰收集晒干的稻草，有的在赶着水牛翻地；一位 60 多岁的老阿妈，正背着一捆又圆又重的稻草，弯着腰，沿着弯弯的山路慢慢前行……此情此景，让我深切意识到：与美国、日本等发达国家不同，我国还是一个发展中国家，是在数千万农村贫困人口和城市低收入人群还在为温饱辛劳的特殊国情下，每年投入巨资搞科技研发——每一位有良知的科技人员，都不应忘记这个大背景。

之所以"怦然心动"，源自近年来采访接触到的兢兢业业工作的科技人员。无论是参与探月工程、载人航天工程的航天工作者，还是在田间地头帮助农民脱贫致富的农技人员，或是在实验室里搞前沿开发的基础研究人员，都像杨学军校长讲的那样，时刻不忘国家和人民的重托，十分珍惜来之不易的科研经费，加班加点，默默耕耘，为民族求尊严，为国家争荣光，为百姓谋福泽。他们，是当之无愧的当代知识分子的优秀代表！

之所以"怦然心动"，还让人联想起那些被媒体曝光的不良科技人员。伪造"汉芯一号"、骗取国家上亿元科研基金的上海交通大学原微电子学院院长陈进，靠造假获得国家科学技术进步奖二等奖的西安交大能动学院教授、博士生导师李连生……极少数科技人员的丑行，不仅玷污了神圣的科学殿堂、败坏了科学家群体的声誉，而且浪费了宝贵的科研经费、侵占了未获得课题项目者的科研资源，与犯罪何异？

据统计，自2000年以来我国的科技研发经费以年均23%的速度增长，2010年总量达到7000亿元，占GDP的比重为2%，对一个尚有数千万贫困人口的发展中国家来说，实属不易。"十二五"期间我国的科技投入将持续增加，与GDP之比将由"十一五"的1.8%增加到2.2%，年均有望增至1.2万亿元。这既体现了国家对广大科技人员的充分信任，更蕴含着人民群众对"科技改变生活"的深切期待。

一粥一饭，当思来之不易；半丝半缕，恒念物力维艰。用好每一分科研经费，力求用卓越的创新成果回报国家的信任、人民的期待，当不是过分的要求。

（2011年8月8日）

203

因为喜欢 所以卓越

"全球奖项展示中国科学家实力""7个——超过其他任何国家——来自中国"——在报道"霍华德·休斯医学研究所国际首届青年科学家"揭晓的文章中，纽约时报采用了这样的大标题和小标题。如此扎眼的标题，并非耸人听闻：在这一 19 个国家和地区的 760 名申请者激烈角逐的科学奖项中，我国有 7 名青年科学家榜上有名，占获奖总人数的 1/4，可谓独占鳌头。

如果外国记者对此事的感受是"震惊"，那么中国人的感受则是"欣喜"。读完人民日报关于这 7 位青年科学家成长经历的报道，笔者心里一直激荡着前所未有的兴奋之情。

是的，怎能让人不激动呢？清华大学教授颜宁，北京生命科学研究所研究员王晓晨、邵峰、张宏、朱冰，中科院武汉物理与数学研究所研究员唐淳，南开大学教授胡俊杰——7 位获奖者真是年轻有为：他们都是"70后"，年龄最小的只有 33 岁；他们均在探索生命奥秘的未知王国中取得过重大突破，在《自然》《科学》《细胞》等期刊上发表的高水平论文令国际同行刮目相看。

更让人欣喜的，是这 7 位年轻人都堪称纯粹的科学家：他们从事科学完全是从兴趣出发，都是发自内心地喜欢科学，而不是像有些人那样，把科研当作谋生的手段，甚至是追名逐利的敲门砖。

因为有兴趣、从内心里喜欢科学，科研这项在常人看来非常单调、乏味的累差事、苦差事，在他们那里就成为一种非常好玩、非常享受的美差、乐事。在颜宁看来，做研究就像打游戏一样令人"着迷"，那些一般人看都看不懂的膜蛋白结构图，在她眼里居然"非常漂亮""非常美"；对朱冰而言，做研究"就像玩儿一样"，跟下围棋、看杂书一样其乐无穷。

因为有兴趣、从内心里喜欢科学，他们就能坦然面对失败、主动迎接挑战、甘于忍受寂寞。在张宏的人生词典里，找不到"失败"这个词；如果周末不陪孩子，邵峰几乎一周七天都在工作，虽然辛苦但却不觉得累；王晓晨心里始终充满"探索和发现的喜悦"，在99%的失败中寻找1%的快乐。

因为有兴趣、发自内心地喜欢科学，这7位科学家能自觉抵制各种诱惑，全身心地沉迷于自己的研究。在他们看来，发论文只是做研究的副产品，得到前所未有的新发现是他们最重要的追求；院士、钱财、官位等许多人趋之若鹜的东西，对他们而言都是身外之物。

"知之者不如好之者，好之者不如乐之者"，2000多年前的孔子，就对"兴趣"的极端重要性有着深切的体悟。特别是在物欲膨胀、人心浮躁的当下，如果只是把科研当作一份养家糊口的工作、升官发财的敲门砖，就很难"从一而终"、在科学上有大的成就。正如胡俊杰所言：搞学术不能功利。如果不能耐住寂寞，只想着多发论文、只惦记着快速晋升，一定不会走得太远。

当然，这7位青年科学家非常幸运。他们所在的高校和研究所，都为他们创造了良好的科研条件、营造了追求卓越的工作氛围，使他们可以不用为经费发愁，不必为科研之外的事情分心。

正如有识之士所言，中国当前并不缺乏喜欢科学、具有潜质的青年人才，缺的是能让他们自由探索的科研体制和健康向上的社会环境。据了解，有关方面正在积极酝酿深化科技体制改革的有关举措。如果科研体制和创新文化能进一步优化，中国当会涌现出更多、更优秀的青年科学家。

加油，真心喜欢科学、志愿献身科学的"70后""80后"们！

（2012年3月26日）

多些欣赏，少些眼红

不久前，科学网刊发了题为《颜宁小组〈自然〉论文解析特殊蛋白结构》的消息，并很快登上该网的"一周新闻评论"排行榜，位列第六。但看完评论区读者关于该消息的留言后，却令人大跌眼镜。

《自然》是国际顶级学术期刊，我国从事基础科研的队伍庞大，去年在该刊物发表的论文只有几十篇。颜宁小组的这篇论文有多个首次发现，既为相关领域的进一步研究提供了有力依据，也为解决该领域的重大争议问题提供了新的线索。

但令人不安的是，在针对该消息的 32 条读者留言中，表示"钦佩"、致以"祝贺"的仅有 6 条，而表达"不屑"甚至"愤慨"的评论，却多达 10 余条。

解析一个蛋白结构，就是一篇 Nature（自然）。不错。毕竟有几万个蛋白呢。加上不同物种的蛋白，至少 10 万篇 CNS（《细胞》《自然》《科学》三个杂志名的英文首字母集合——编者）。

结构解析不是难事，很多人可以做，搞得快的，喝几杯茶的工夫就有个大概结果。

可惜的是，花的是中国人的纳税钱，却不专利保护，成果尽为国外所用，加大了国内外差距，得到的是自己的名利。

......

在科学网上发表评论的读者，多是科技界的同行。这些同行评论所流露出来的"吃不着葡萄说葡萄酸"的"羡慕嫉妒恨"，真是让人无语。更值得警惕的是，抱有这种心态的论者所占的比例，居然会如此之高。

这不仅让人想起2011年的屠呦呦获拉斯克奖事件。81岁的屠教授获得的素有"诺贝尔风向标"之称的拉斯克奖，当时是我国生物医学界所获得的最高世界级大奖，本来值得全国科技界引以为豪。出人意料的是，自该消息发布到屠呦呦领奖，"把奖颁给她一个人对项目的其他参与者不公平"的言论一直此起彼伏、不绝于耳。

曾在发达国家留学、工作的科技海归想必有这样的共识：这些国家的科技之所以发达，除了积累较多、投入较大、制度合理等原因外，还有一个不可或缺的重要因素：崇尚卓越。不论谁取得成功、获得奖励，同行大都会彼此欣赏、相互祝贺。看看我国的情况，似乎恰恰相反，难免令人想起"同行相轻"的古训。

作为科技后进国家，中国的科技要想缩短与发达国家的差距，除了加大投入、改善设备、革新制度，还离不开包括崇尚卓越、相互欣赏在内的创新文化。如果彼此瞧不起，见别人有成果就眼红、嫉妒，除了自曝其丑、徒增内耗，还会有别的什么好结果呢？

（2012年6月4日）

给我一份鸡肉饭！

"给我一份鸡肉饭！"——虽然距离李兰娟女士这句话见诸报端已近一个月，但它依然鲜活地印刻在我的脑海里。每每想起它时，不由对这位女科学家心生敬意。

中国工程院院士李兰娟，是浙江大学医学院附属第一医院的传染病防治专家，同时也是国家卫生计生委人感染 H7N9 禽流感疫情防控工作专家组的专家。4 月中旬，正值 H7N9 禽流感染病例高发、公众"谈禽色变"之时，李兰娟女士不仅在本单位食堂谈笑自若地吃鸡肉，还在飞机上主动向空乘人员索要鸡肉饭。在她的以身示范下，周围的几位乘客也纷纷效仿，主动选了鸡肉盒饭。

李兰娟女士敢于大吃鸡肉饭，当然不是为了故意显示自己与众不同，而是源自她对科学的认知与尊重。作为长期研究传染病的专家，她知道：H7N9 禽流感病毒对外界的抵抗力不强，对高温、紫外线、各种消毒剂都很敏感。在 100 摄氏度的环境下，H7N9 禽流感病毒 2 分钟就会被消灭，60 摄氏度环境下半小时被消灭。因此，只要是从正规渠道购进的鸡肉，经过高温煮熟加工后，就可以放心食用。

李兰娟笑谈吃鸡，恐怕还有另一层用意：用自己的言行矫正"谈禽色变"的不理性行为、回应社会上的过度恐慌。采取恰当的措施防范 H7N9 禽流感当然无可厚非，但如果反应过度、举措失当，不仅不利于禽流感的防治，而且会"城门失火，殃及池鱼"，扩大恐慌。由禽流感引发的过度反应的恶果已经十分明显：家禽养殖业几近全军覆没，国家不得不支付巨资对损失惨重的养禽农民、企业进行财政补贴，还得大费周章，应对下半年极有可能出现的禽肉、禽蛋短缺，以及随之出现的价格上涨。

近些年来，由于公众缺乏科学常识导致的非理性事件常有发生，诸如抢盐、抢板蓝根、妖魔化转基因等。这不仅扰乱了正常的社会秩序、影响了科学处置灾害，而且会危及国计民生。在这样的背景下，科学家的坚持真理、及时发声，就显得十分必要、难能可贵。

令人遗憾的是，当下像李兰娟女士这样的义举还是太稀缺了。就拿 H7N9 禽流感防控这件事来说，在科技人员数以千万计的中国，了解 H7N9 禽流感病毒特性、知道吃鸡不会感染病毒的，想必不在少数。值得深思的是：为什么没有更多科技人员及时站出来公开发声、并以自己的行动解疑释惑？

当然，在期待更多科学家仗义执言、勇于发声的同时，也不应忽略营造敢讲话、讲真话的社会环境。试想，如果敢讲话、讲真话的人动辄遭打压、被"穿小鞋"，久而久之，自然会出现"集体沉默"。在营造敢讲话、讲真话的环境方面，政府和公众都有责任。

（2013 年 5 月 13 日）

多一些科技自信

"这东西外国人都做不出来，你们能做出来？"说起前不久向某客户推介创新产品时遭遇的无端怀疑，航天科工四院的下属企业红峰厂副总经理王爱民哭笑不得。

类似的情形，想必许多科技人员都遇到过："这项研究有没有外国人搞？""你们的产品有没有自主知识产权？"

这种不相信国人创新能力的科技他信，固然有其现实土壤。我国近现代科技起步晚，与科技发达国家相距很大；中华人民共和国成立以来，虽然广大科技人员进行了长期不懈的艰苦努力，但在许多领域依然处于追踪、模仿状态。久而久之，"科技他信"就在许多人脑海里根深蒂固，以至于到今天还有一些人动辄眼睛"向外"，缺乏自信。

有感于此，大唐电信集团董事长兼总裁真才基日前在接受媒体采访时，鲜明地提出了科技自信的概念：经过多年的科技攻关，我国在许多领域已经由"追赶者"变为"同行者"，在少数领域已经开始"领跑"，我们应该对自己的创新能力充满自信。

有事实为证：

在高技术研发领域，"神九"飞天，首次载人交会对接圆满成功，中国的航天事业向着空间站时代稳步前行；"蛟龙"入海，载人下潜成功突破 7000 米, 创新了新的深潜纪录; "天河"横空, 跃居第三十六届世界超级计算机 500 强排行榜榜首; 我国提交的 TD-SCDMA 和 TD—LTE—Advanced 技术提案先后成为国际 3G、4G 标准, 移动通讯实现了历史性跨越……

在基础研究领域, 北生所研究员李文辉博士领导的科研团队在世界上首次发现乙肝病毒受体分子, 赢得国际同行的由衷敬佩; 中科院高能所的研究人员率先发现了中微子振荡的第三种模式, 拓展了人类对物质世界基本规律的新认识, 被《科学杂志》评选为 "2012 年度十大科学进展"……

以上事例充分说明, 自强不息、勤劳智慧的中华民族完全有志气、有信心、有能力攀登世界科技高峰, 不断为人类文明进步作出贡献。

当然, 树立科技自信并不是说要盲目乐观、沾沾自喜。面对竞争日益激烈的国际科技发展新态势, 我们更要保持清醒的头脑, 更要正视目前存在的问题: 许多关键核心技术仍然掌握在他人手中, 原始创新能力仍然亟待提高, 不合理的科技体制机制仍然制约着创新活力的释放, 许多企业的创新意识和研发能力仍然需要增强……

正因为如此, 党的十八大报告正式做出了 "实施创新驱动发展战略" 的重大决策, 向广大科技工作者提出了新期望。

实施创新驱动发展战略, 不仅需要科技工作者树立科技自信, 也需要社会各界消除 "科技他信", 以实际行动为科技创新呐喊助威、添薪加火。

在物质条件极为艰苦、科技积累相当薄弱的年代，老一辈科技工作者凭借"外国人能干的、中国人也能干"的高度自信，创造了"两弹一星"的辉煌；在新的历史时期，我们更应满怀科技自信，革故鼎新、奋发有为，为人类文明贡献更多中国智慧。

（2013 年 2 月 4 日）

听"卞哥"说创新

这里说的"卞哥",是指英特尔副总裁兼英特尔产品(成都)有限公司总经理卞成刚。

2004年开工建设的成都公司,是英特尔在中国布局的芯片封装测试厂。从投产至今,该公司一直以英特尔最新的封装技术生产最新的产品,所生产的芯片累计超过13亿颗,为一半的全球笔记本电脑中提供了"成都智造"。2012年,该公司摘得英特尔内部最高奖——"英特尔全球质量奖"。

前不久笔者到英特尔成都公司参观,有两点印象深刻。

印象之一,是随处可见的平等理念:在这里,员工都称40多岁的卞成刚为"卞哥";在3000多人的餐厅里,"卞哥"和大家一样排长队打饭,然后随意找个地方,与员工一起就餐,边吃边聊、有说有笑……

印象之二,是到处闪耀的创新亮点:走廊里的油菜花风景照,不是一张"平铺直叙"的长照片,而是由十多幅折叠成三角的照片片段拼接而成;几位年轻工程师用合金材料取代镀金材料,发明了一种新型的测试针,一年就为英特尔的全球工厂节省成本1400万元……

"我个人认为,平等与创新就像一对孪生兄弟,相辅相成、缺一不可。"在英特尔工作了20多年的卞成刚告诉笔者，作为一家靠创新起家、凭创新发展的企业，英特尔从创立之初就非常注意营造平等的工作氛围：无论是英特尔美国总部还是在其他国家的分公司，每位高管的办公室都是一样的格子间；不管是在英特尔的研究院还是生产工厂，很少能看到等级观念的影子，自由讨论甚至激烈辩论都是家常便饭。

"如果说创新是英特尔的基因，平等就是英特尔的血液"——卞成刚的这句话，让笔者想到了北京生命科学研究所。在这块科研体制改革的试验田里，大家把所长王晓东叫"王博士"，或者直呼其名；包括诺贝尔奖得主在内的科学大腕到所里做报告，不管是实验室主任还是研究生，大家都是随便坐，从不"论资排位"……王晓东坦言，北京生命科学研究所之所以能在国际生命科学界迅速崛起，与这种平等、民主的学术氛围密不可分。

在很大程度上，创新就是对前辈、对权威的挑战乃至否定。可以想象，高校院所也好、企业工厂也罢，如果等级森严、一言堂盛行，富有创新活力的年轻人都唯命是从、俯首帖耳，创新火花如何迸发，创新思想怎能涌流？

坚持学术面前、真理面前人人平等，也是包括钱学森在内的老一辈科学家所一贯倡导的。为打破按资排辈，形成民主、平等的学术环境，他常常以身示范。比如，1978年，钱学森与山西科委的张沁文合作撰写科普文稿《农业系统工程》，张沁文让他署名在前，但他坚持按照学术贡献大小排名、把自己的名字署在后面。

理解平等和创新之间的关系，究竟有多重要？这可以用 1996
年 7 月钱学森的一番话来回答——

　　我从前在中国科协工作过几年，感到学术不够民主，教
授、权威压制得很厉害。我在科协会上讲过不止一次，但还是
解决不了。这是科学向前发展的大问题。

（2013 年 6 月 17 日）

他们都不叫我"王总"

没有跨国巨头的雄厚财力、尖端设备和高端人才，贝达药业用租来的实验室和临时组建的"杂牌军"，硬是研发出中国首个靶向抗癌药物"凯美纳"。他们成功的秘诀是什么？

"最重要的恐怕是团队协作。"公司总裁王印祥博士这样回答，"在我们这种高科技公司，特别不主张突出某一个人，因为突出了某一个人就容易打压别人。"

他不仅这样说，更是这样做的——在修改我采写的专访稿件时，他特别添加了原稿中没有的几位同事的名字，并叮嘱我：一定要保留。

仔细想来，王印祥的所言所行大有深意。

重视团队协作，是对每一位研发成员劳动成果的充分尊重。科技发展到今天，除了理论物理、基础数学等极少数可以"单兵作战"的研究项目，越来越多的研发突破都是多学科交叉、多团队协作的结果。在旷日持久、复杂多变、环环相扣、紧密衔接的研发进程中，每一个学科、每一个环节、每一个岗位的贡献都必不可少。因此，无论是享誉世界的科学大家，还是名不见经传的技术人员，每一个参与者的作用都不应被忽略。

重视团队协作，体现了对科研自身特质的深刻把握。无论是基础研究还是技术开发，都是看不见、摸不着的智力劳动，不可能像砌砖盖瓦等简单劳动那样，可以量化考核、计件管理。正如王印祥所说：在科技研发中，不能因为某个人一天出了十个结果就说他很努力，也不能因为他十天没出一个成果就说他偷懒。科技研发的这种特质，需要创造民主、宽松、和谐的环境和氛围，充分激发每个人的热情，使其能自觉、快乐地各司其职、各尽其责。

正因为深谙此道，无论是在杭州的总部还是在北京的研发中心，贝达药业的办公室都装修得像家庭，一点没有等级森严的感觉；一楼大厅专门设有开放式咖啡馆，从老总到普通员工，谁都可以到这里喝咖啡、聊天。

更让人印象深刻的是，公司的同事对王印祥要么叫"王博士"、要么喊"老王"，没有人称他"王总"。对公司的其他领导，同事也没有叫这个"总"、那个"总"的。这种轻松、平等、民主的宽松氛围，应该是当初这支籍籍无名的"杂牌军"克服重重困难、抵达胜利终点的重要法宝。

重视团队协作，并不是说"团长"不重要。其实，越是能够精诚协作、战斗力强的团队，对领军人物的要求越高。除了高出一筹的学术水准、高瞻远瞩的战略眼光、洞察秋毫的国际视野，领军人物还必须具有海纳百川的胸襟、功成不居的品格、淡泊名利的精神。

当然，贡献卓著的领军人物自己固然可以淡泊名利、功成不居，但对于主管部门和评奖单位来说，却应该实事求是，让做出重要贡献的科学家得到应有的奖励和尊重。只有这样，才能有助于在全社会树立尊重科学、尊重创造的氛围，让真正做出贡献的优秀科学家得到应有的尊敬。

（2016 年 5 月 20 日）

张益唐神话告诉我们什么

年过半百的张益唐，是美国新罕布什尔大学的一名讲师。30多年前，受陈景润研究哥德巴赫猜想事迹的激励，他投身数学研究；30多年之后，他在另一个著名的世界性数学难题——"孪生素数猜想"问题上获得突破性进展，从而声名鹊起，赢得了国内外同行的极大尊重。

素数，指的是那些只能被1和自身整除的数，如3、5、7、11、19等；孪生素数，是指差为2的素数对，即同为素数的 p 和 p+2。早在几百年前，孪生素数猜想引起了科学界的关注，许多数学家前仆后继、皓首穷经，但一直没有理想的结果。直到今年5月，张益唐在著名刊物《数学年刊》上发表了《素数间的有界距离》一文，才证明了存在无数多个素数对，其中每一对中的素数之差，不超过7000万。

这一成果之所以引起巨大轰动，除了其在学术上的非凡贡献，更由于张益唐非凡的个人经历：才华横溢的他在获得北大数学硕士后，于1985年到美国普渡大学攻读博士。但由于多种原因，他的博士论文没有发表，毕业时导师也没为他写推荐信，以至于没能找到像样的工作。张益唐一边靠在快餐店洗盘子、送外卖等养家糊口，一边继续从事数学研究。直到六七年之后，他才在新罕布什尔大学谋到了助教的职位。期间，在没有研究经费的情况下，张益唐潜心钻研 14 年，终于演绎出数学史上的又一个神话。

据报载，张益唐的故事经香港浸会大学汤介教授介绍后，立即在国内科学界引发强烈反响，许多人在科学网上留言，表达自己的钦敬之情：

> 发自内心地佩服这样的科学家。甘于寂寞，不追热点，怀有恒定的信念。

> 坐得住冷板凳，耐得住寂寞，顶得住诱惑，使然，释然！

同时，也有一些网友搬出了"环境论"。诸如：

> 这种事可是发生在美国，如果张益唐是在大陆呢？

更有网友断言：

> 如今的中国环境，不论是人文环境还是自然环境，无疑还不是产生传奇的土壤；如果在国内工作，肯定不会有这样的成就。

固然，与美国相比，目前国内的科研环境还有一定差距，比如项目评审中的拉关系、成果评价中的重量轻质、备受诟病的学风浮躁，等等。但是，如果就此得出类似"如果在国内工作，肯定不会有这样的成就"的结论，恐怕也难以令人信服。

一个典型的例子，就是陈景润在哥德巴赫猜想研究上的里程碑式突破。他当年的遭际之艰、条件之差，与今天在美国的张益唐相比，恐怕有过之而无不及。

平心而论，中国今天的科研条件与生活条件，与 30 多年前相比，已经提高了很多。在科研经费和实验设备方面，甚至比一些发达国家还要好。

那么，为什么今天的中国难以产生"陈景润"？网友的留言或许能提供一些启示：

> 浮躁的社会蒙蔽了我们的眼睛，往往连自己的内心也无法洞悉，或者洞悉了没有勇气不随波逐流，没有气节乐于平淡和甘于清贫。

实事求是地讲，无论是美国还是中国，都没有完美的环境和绝对的公平。在呼吁改善环境的同时，科研人员是否应反求诸己、静下心来，在自己喜欢的科学领域中潜心耕耘？

正如网友所言：

> 每个时代，总还是有那么一小部分人在默默地做有意义的事情；相信，在中华大地上有如张益唐一样的传奇！耐心地去发现他们！

听听张益唐先生的自白，可能会给中国科技界同行更多借鉴：

> 我的心很平静。我不大关心金钱和荣誉，我喜欢静下来做自己想做的事情。

（2013 年 7 月 28 日）

期待更多科学"对撞"

连日来，由于杨振宁、丘成桐、王贻芳等科学大咖就"中国目前是否适宜建大型对撞机"公开开展论战，使一个原本在专业圈子"窃窃私语"的内部问题，成为吸引眼球的公共话题。

其实，自 2012 年以来，中国物理学界内部就围绕一个可能耗资超千亿人民币的大科学装置——超级对撞机，产生了激烈辩论。该项目由中科院高能物理研究所提出，支持的科学家包括该所所长、中科院院士王贻芳，著名数学家、菲尔茨奖获得者丘成桐等，反对者包括著名物理学家、诺贝尔奖得主杨振宁等。2016 年 9 月 5日，自知名微信公号"知识分子"公开发表杨振宁的文章《中国今天不宜建造超大对撞机》以来，王贻芳、王孟源等业内人士就中国建设超级对撞机是否会超过预算、是否符合发展中国家的国情、是否会挤占其他领域的研究经费、能否实现其科学目标等问题阐述自己的观点，此前不怎么被关注的大型对撞机成为热词。

中国该不该上马超级对撞机是个非常专业的科学问题，目前仁者见仁、智者见智，达成共识尚需时日。但笔者认为，科学大咖们围绕某些有争议的科学问题公开辩论、激烈"对撞"的做法非常值得倡导，其意义远远超过了娱乐圈的各种骂战。

首先，科学大咖"对撞"有助于减少重大科技决策的盲目性。

像其他领域一样，决策失误是最大的失误。回顾我国的科技发展史，既有"两弹一星""探月工程""载人航天""大飞机"等许多成功的决策，也不乏不那么成功甚至失败的决策。失败的决策之所以失败，一个主要原因就是上马之初缺乏公开的充分论证、由少数"支持派"匆促打勾画圈。"不确定性"是科学研究特别是前沿基础研究的最大特征，在尚有数千万群众没有脱贫、亟待解决的科技难题众多、基础研究经费只有发达国家的二分之一甚至更少的情况下，那些耗资巨大、研究前景尚不明朗的重大科技项目，上马之初尤其需要充分听取业内专家正反双方的深入论证，否则就会重蹈美国大型对撞机半途停工的覆辙。

其次，科学大咖"对撞"有助于培育健康的科学文化。科技体制、经费投入、科研人才和科学文化是一个国家科学繁荣、技术发达的四大支柱。目前我国科技体制改革快马加鞭、改革新政不断出台，经费投入逐年递增、科研仪器鸟枪换炮，青年才俊不断涌现、队伍日益壮大，急需补钙的当属科学文化。在科学文化之中，最为缺乏的，恐怕就是知无不言言无不尽、自由发言、公开辩论的科学氛围了。由于"人情面子"等原因，许多科学家在许多需要明辨是非的科学话题面前选择了"沉默是金"。其结果，要么是伪专家大行其道、"大嘴巴"忽悠公众，要么就是本不该上马的项目匆忙开工、不该结题的项目蒙混过关，最终导致真理蒙尘、假大空畅行。无论中外，只有公平公开、活跃活泼的百家争鸣，才能迎来科技事业的百花齐放。

再次，科学大咖"对撞"有助于提升公众的科学素质。没有全民科学素质的普遍提高，就难以涌现出宏大的高素质创新大军，就难以实现科技成果的快速转化。中国科协发布的第九次中国公民科学素质调查结果显示，2015年我国具备科学素质的公民比例只有6.20%，远远落后于科技发达国家；位居全国前三的上海、北京和天津三地的公民科学素质水平，也只相当于世纪之交的美国和欧洲。公众科学素质不高不仅拖了科技创新的后腿，还使"吃茄子就能包治百病""吃碘盐就能防治核辐射"之类的闹剧前仆后继。科学普及和科技创新是实现创新发展的两翼，必须把科学普及放在与科技创新同等重要的位置。事实证明，科学大咖的"对撞"是普及公众科学知识、培养公众科学精神的有效途径。正如某香港媒体所评论的那样，一个月前，中国99.99%的人可能对大型对撞机还一无所知；但一个月后，它却逐渐演变为一个公共话题。短短几天的公开辩论，公众就对大型对撞机的作用、发展历史等有了较为系统的了解，其效果远胜过场面宏大的"我说你听"。

值得称道的是，在这场围绕大型对撞机该不该上马的"对撞"中，正反双方都以理服人、就事论事，既没有以势压人，更没有辱骂、约架。希望科技界这样的"对撞"更多些，不管是耗资巨大、前景模糊的重大科技决策，还是"有的能重复、有的不能重复"的"韩春雨实验"。

（2016年9月9日）

大学校长不做科研行不行

在科学网主办的"2011年中国科学年度新闻人物"评选中，湖南大学新任校长赵跃宇，与王晓东、朱清时、饶毅、屠呦呦等9位科学家一起当选。他高票当选的理由，是其上任校长后不久正式宣布"两不"承诺：在任期内不申报新科研课题、不新带研究生。

在当前绝大多数校长管理、科研一肩挑的大背景下，赵跃宇敢于冒天下之大不韪、公开"两不"承诺，其精神值得嘉许，其做法值得推广。

大学校长放弃科研、全心全意搞管理，是集中精力做好行政事务、带领学校全面提升的必然要求。一所大学特别是重点大学，行政事务繁杂，校长的责任之重、需要付出的精力之多，可以想见。正如此前担任副校长的赵跃宇所言：组织上把在校生近4万人、在职教职工近5000人的这么大的一所高校交给我，责任非常重大，工作千头万绪，全身心扑上去都还不够用，又做课题又带学生，精力无论如何也顾不过来。

正是鉴于大学校长难以管理、学术一肩挑，国际知名大学大都实行校长职业化的通行做法，哈佛、耶鲁、牛津、剑桥等举世公认的世界一流大学的校长，任期内只专心于管理职责，不再搞科研、带学生；而教育主管部门和社会对校长的评价，也主要看他为学校的发展做出的贡献，而不是看他本人在任期间发了多少论文、做了多少课题，或者带了多少学生。

其实，各界对"大学校长不做科研"如此赞许的另外一个原因，就是希望借此厘清行政与学术的分界，消除学术腐败。长期以来，在官本位的影响下，行政权力影响、绑架科研的学术不端行为时有发生；在申请课题、争取经费和科技评奖中，拥有行政权力的人竞争优势十分明显，常常是要风有风、要雨得雨。虽然校长行政事务繁忙、顾不上做科研、对学术成果贡献无几，但考虑到其"关系广、资源多"，能在申请经费、成果评估和评奖中近水楼台，加上碍于情面，课题组加挂校长的名字甚至将其列为第一作者或通讯作者，已成为学术界公开的秘密。这不仅导致学术腐败愈演愈烈，也使得查处学术腐败难上加难。因此，校长不搞科研无疑有利于从源头上消除腐败、有助于从根本上消解学术界的官本位思想。

在校长还未职业化的当下，大学校长敢于宣布"两不"承诺，尤其难能可贵。当官与学术不可兼顾、难以兼得，那些一肩挑的校长并非不明白这个道理，说到底恐怕还是私心在作怪：在科技经费逐年提高的情况下，当官、科研一肩挑不但可以名利双收，还减少了"人走茶凉"的尴尬、免去了卸任后重操旧业的艰难。在高校工作多年的赵跃宇不会不知道其中奥秘，但为了服务全校的学生、为了全校的老师能够更好地做课题，他敢于主动"自废武功"，其心可鉴、其意可嘉。

从中青报对赵跃宇"两不"承诺事件所做的调查结果中，不难看出公众对"大学校长不搞科研"的赞许与支持：74.3%的人支持他的做法；71.5%的受访者认为大学行政领导兼做科研弊大于利，包括70.4%的人担心会加剧大学官僚气息、影响学术自由……

在当下"学而优则仕、仕而优则学"、许多人官学通吃的大环境下，赵跃宇的"两不"承诺无疑开了一个好头。在期盼教育主管部门能及早推行校长职业化、为大学校长不搞科研提供制度保障的同时，也期待更多校长、院长、部长们见贤思齐，要么全心全意为人民服务，要么集中精力搞学术。

（2012年2月27日）

科学家当官，福兮祸兮

施一公出任清华大学副校长的消息传出后，在科技界引发很大
争议，赞同的人很多，反对者也不少，认为科学家当官不是什么
好事。

科学家当官，已经不是什么新闻，近年来就有好几起。2014
年1月，55岁的中科大校长侯建国院士出任科技部副部长；2015
年6月末，45岁的量子通讯科学家潘建伟由中国科大的副校长晋
升常务副校长；9月初，56岁的物理化学家包信和被任命为复旦大
学常务副校长。

科学家当官，到底是好事还是坏事？

在笔者看来，对此恐怕既不能一概否定，也不宜大力倡导、鼓
励科研人员特别是优秀的中青年科学家"学而优则仕"。

俗话说隔行如隔山，科学研究就更是如此，不仅有自身的独特
规律，而且进展也是日新月异，在管理上最忌"外行领导内行"。
当前科研管理中的许多弊端，诸如项目申请上的过度竞争、经费使
用中的"打酱油的钱不许买醋"、成果评价中的"以论文论英雄"
等等，在很大程度上都与管理者不了解科研规律有关。在这种情况
下，让既懂科研又有管理才能，既有公心又能担当的科学家出任科
技部门或科研机构、高等院校的领导，对深化科技体制改革和教育

管理改革而言，都是好事。最典型的例子，莫过于美国科学院院士
王晓东创办的北京生命研究所：在他的领导下，这个白手起家的研
究所采用国际通行的科学家自主科研、国际同行评审、实验室主任
年薪制等机制，创办十年来异军突起，涌现出邵峰、李文辉等一批
优秀青年科学家，成为国际公认的一流研究所。施一公在担任清华
大学生命科学学院院长期间，与饶毅一道发起成立清华—北大生命
科学中心，大刀阔斧地推进管理改革、广纳海内外俊才，使清华和
北大的生命科学研究迅速崛起，蜚声海内外。

从科学家成长的规律来说，一般而言，55 岁之后就过了科研
的黄金期。选拔其中擅长管理的优秀科学家担任科技、教育领域的
领导，于己于公都不是坏事。

当然，反对科学家当官的意见也值得听取。一方面，科研上的
俊才不见得是管理上的能手，"学而优"不等于"仕则优"。前些
年，多位在科研上刚刚崭露头角的青年科学家被提拔到高校和地方
"委以重任"，结果由于缺乏管理才能，不但管理没搞好，自己的
科研也耽误了，至今令人扼腕。另一方面，在"官本位"思想和
人情潜规则盛行的现实环境中，以行政权力谋求学术资源甚至攫取
科技成果、追名逐利的事情并不鲜见，严重败坏了学术风气、污染
了科研环境。因此，无论是组织部门还是科学家自身，选择时都应
慎之又慎，不可草率行事。

千军易得，一将难求。目前我国既缺乏成就卓著的科学大家，
也缺乏德才兼备的教育大家和科技帅才。让年富力强且有大视野、

大格局的科学家担任领导，一方面是形势所需，同时也是两难之事。对于尚处在科研巅峰期的施一公、潘建伟而言，如何能兼顾科研和行政、做到两全其美，应该不是轻松的事。

（2015 年 9 月 21 日）

二〇一八，我的科技八愿

这是 2017 年年末，我为微信公号《知识分子》写的一篇"新年献词"，谈了自己对中国科技的八个愿望。

现在看来，这八个愿望不仅止于 2018 年吧。

一、少些自我陶醉，多些客观清醒

"中国基础研究体现的特色可以用四个'出人意料'来形容"（笔者注：系指"学科发展的全面加速出人意料、研究品质的上升出人意料、青年科技人才的崛起出人意料、国际合作对中国的期盼出人意料"）。

"中国科学家已经从自然科学前沿重大发现和理论的学习者、继承者、围观者，逐渐走到了舞台中央"。

中国的重大科技成果"层出不穷""呈井喷之势"，不是"厉害了！"，就是把某国"吓尿了"……

从科技界官员到各类媒体，自得之志、自负之情溢于言表，中国俨然是世界科技强国了。

其实远不是这么回事。所谓"层出不穷"的重大科技成果，说来说去、数来数去，就是"墨子升空""C919首飞""'天眼'开眼""'神威'夺冠"等屈指可数的几件。

不怕不识货，就怕货比货。《自然》公布的2017年十大年度人物中，中国只有潘建伟一人上榜；《科学》评选的年度"十大科学突破"，中国的工作只在其中的冷冻电镜这一项中有所体现。在国际权威期刊盘点的世界科学研究的重大突破中，八成来自美国；世界最好的200所大学中，美国75所，英国32所，我们则曲指可数……

近些年中国的科技确实进展很快，值得肯定，但是需要有自知之明，浮夸自嗨要不得。应该看到，目前我国的科技依然是"跟跑为主、并跑不多、领跑更少"，原创能力不足、关键核心技术缺乏等依然是我们的软肋。实事求是地讲，在世界创新版图中，中国还处于"第二方阵"，距离真正"走到世界舞台的中央"还有一段距离。

我们需要自信，但切不可自我陶醉。只有对我国的科技现状和实力有清醒的认识和准确的判断，今后的路才能不至于跑偏、出轨。

二、少些敷衍拖延，多些真招快招

通过改革破除制度束缚、充分释放科研人员的创新潜力，是我国科技发展的关键一环。近些年主管部门出台了许多改革的意见和实施方案（办法），密度之大前所未有；诸如大幅度提高科技人员成果转化收益、"劳务费比例不设上限"等，确实是能解决问题的真招实招。但不可否认的是，雷声大雨点小、新瓶装旧酒乃至一拖再拖、难于落地的，也不在少数。

试举几例：

比如国家奖励制度改革，所谓的"大幅瘦身"只不过从"不超过 400 项"减为"不超过 300 项"，学者呼吁的"背靠背式"的提名制，最后居然成了"专家、组织机构和相关部门（省级政府和国务院有关部门）"提名，与真正的提名制差了十万八千里；

比如，2013 年党的十八届三中全会通过的《中共中央关于全面深化改革若干重大问题的决定》中明确提出要"实行院士退休和退出制度"，可好几年过去了，其具体措施还"千唤万唤不出来"，不知要拖到猴年马月。

2018 年是改革开放四十周年，广大科研人员盼望的是货真价实的真改革，不是"雷声大雨点小"的走过场，更不是虚与委蛇的敷衍拖延和瞒上欺下。希望今年的相关科技改革能多出一些实招快招。唯其如此，中国人的聪明、勤奋和刻苦才不至于被大量浪费。

三、少些诺贝尔奖得主，多些青年才俊

人才是第一资源，大力引进人才是好事，但如果在"招才引智"中只图名头，那就与引进人才的初衷南辕北辙了。君不见，

单是去年，有些城市为加快创建"科技创新中心"，不惜重金、竞相吸引院士和诺贝尔奖得主，"拥有多少院士、引进多少诺贝尔奖得主"成了许多官员洋洋自得的新政绩。

我们在大张旗鼓地引进院士和诺贝尔奖得主的时候，国外在引进什么人？他们下大力气引进的，是虽无院士之名、却有院士之实的杰出青年人才柴继杰、许晨阳、颜宁、马毅……

两相对比，除了无语，复何言哉！

四、少些人情关系，多些尊重科学

2010 年 9 月，饶毅、施一公曾在《科学》上联合撰文，批评科研经费分配中的关系学。如今七八年过去，这些状况改观了多少？

答案当然是仁者见仁智者见智，但毋庸讳言的是，在时下的基金评审、课题评审和学科评价、人才评价，以及院士选举中，恐怕打招呼、递条子、拉选票的"潜规则"还不在少数，能者下、庸者上的逆淘汰也时有发生。

在重人情的中国社会，人情关系固然难以杜绝，但如果探究真相、追求真理的科研人员都能自尊自重、从我做起、唯科学马首是瞻，相信我们的科研空气会清洁很多。

五、少些"论文数数"，多些"看看真贡献"

看论文当然比拼关系好，但如果评价一项成果或某位科研人员时只会"数论文",无疑是"从一个极端走向另一个极端"了。所谓"论文数数",业内人士都见怪不怪：先是数发了多少论文，之后看刊发论文的期刊的影响因子，最后就是比论文的引用数量。难怪一位科研人员戏言：如果让中关村三小的学生去评某项科研基金乃至国家科技奖，他们评出的结果可能与科技大牛们评出的结果"高度一致"。

面对被无限推崇、积弊严重的"唯论文"评价方式，中科院院士葛墨林、原科技部副部长程津培等有识之士，无不忧心忡忡，但针对不同科研活动和学科的分类评价、小同行评价，至今难以推广。是时候行政放手、学术共同体发声、以科技贡献论英雄了！

六、少些"帽子"工程，多些长期支持

如果说眼下科技界最值钱的是什么，恐怕非"帽子"莫属：你有"长江"、我有"杰青"，你有"青年长江"、我有"优秀青年"，你有"千人"、我有"万人"，你有"泰山"、我有"黄河"……

据不完全统计，我国目前科研人员的各类"帽子"，有 38 项之多。以前是"天下名胜僧占尽"，现在是"科技帽子遍神州"，也算是中国特色的"世界奇观"了。

"帽子"满天飞的根源，恐怕背后还是"行政主导科研，部门抢拉山头"。难道就不能少封些"帽子"、多一些稳定的长期支持吗？

七、少些不了了之，多些说话算数

2017 年最让人不堪的科技新闻，恐怕就是韩春雨事件了。去年 8 月 3 日，《自然—生物技术》发表韩春雨团队的撤稿声明，河北科技大学随后在官网宣称"学校决定启动对韩春雨该项研究成果的学术评议及相关程序"；韩春雨团队也发表声明："同意按学校安排选择一家第三方实验室，在同行专家支持下开展实验，验证 NgAgo-gDNA 基因编辑的有效性，并将实验结果公布，以回应社会关切"。

如今已进入 2018 年了，什么"学术评议"，什么"将试验结果公布"，连根毛都没见。

说话不算数的，还有相关政府部门。去年 6、7 月份，科技部两次召开"通气会"，不但宣称要"彻查"国际论文集体撤稿事件，而且郑重表示"将会把处理结果向社会公开"。如今党的十九大都胜利闭幕好几个月了，吃瓜群众还没看到"处理结果"。

论文造假常见，但这么"沉默是金"的还真是少见；出了家丑不可怕，可怕的是藐视科学、言而无信，甚至想方设法给家丑遮羞。

八、少些"天使"，多些"疑似"

2017 年的科研成果发布会很多，印象较深的有两件：

一是发现"疑似暗物质"。去年 11 月 30 日，暗物质粒子探测卫星"悟空"（DAMPE）团队发布首批科学成果。首席科学家常进宣布，基于"悟空"卫星在轨运行采集到的数据，科研人员成功获取了目前国际上精度最高的电子宇宙射线能谱，该能谱将"有助于发现暗物质存在的蛛丝马迹"。面对一些媒体"'悟空'发现暗物质"的夸大报道，常进团队郑重澄清："悟空"发现的"异常"数据点，统计上只有3西格玛的置信度，并没有达到物理领域要求的5西格玛——即便达到了5西格玛的置信度，仍不足以判定"悟空"观测到的是"暗物质"或者"新粒子"，还需要进一步研究、积累更多数据来证明。

二是发现"天使粒子"。去年7月21日，《科学》在线发表了由美国加利福尼亚大学洛杉矶分校王康隆课题组主导，斯坦福大学张首晟课题组及上海科技大学寇煦丰课题组等8家单位合作完成的一项研究成果——首次在磁性拓扑绝缘体薄膜与超导体结合的异质结构中发现了一维手性马约拉纳费米子存在的证据。让许多业内人士大跌眼镜的是，参与此项研究的某位知名华人科学家，居然于7月18日提前在北京单独召开新闻发布会，声称自己主导的团队发现了马约拉纳费米子，还美其名曰"天使粒子"。

更让人难以理解的是，面对铺天盖地的"×××发现'天使粒子'"的不实报道，这位科学家居然能心安理得地"坐享其成"。

今后，关于科研成果的宣传报道肯定还会更多，衷心希望研究者能有一说一、有二说二，少些"天使"，多些"疑似"。

后　记

2007 年夏，我这个一直念中文的文科男，从驾轻就熟的环境保护领域转入完全陌生的科技领域，并工作至今。在采写消息、通讯的同时，自己也试着写一些科技短评，发表在人民日报的"科技杂谈""创新谈"和"人民时评""新论"等评论栏目。十几年下来，像样和不像样的，共一百多篇。

非常庆幸的是，自己从事科技报道的这段时期，适逢中国科技"由乱到治"的大变革、大发展时期。一方面，学风浮躁、学术造假、论文崇拜、院士利益化等积弊和僵化的科技管理体制引发的问题，在这一阶段集中显露；另一方面，党和国家认真听取科技界有识之士的呼吁，开始了大刀阔斧的全方位科技体制改革，破旧立新、治乱匡正。与此同时，得益于创新驱动发展战略的大力实施和科技体制改革的不断深入，科技创新呈现人才汇聚、成果频出的新局面。在这一大背景下，自己不揣浅陋，以短评的形式激浊扬清，为深化科技体制改革摇旗呐喊；在批评不良风气的同时，也为科技创新中涌现出来的新气象鼓与呼。

今天是昨天的延续，历史常读常新。一方面，长期形成的科技积弊不可能一下子根除，有的甚至还可能沉渣泛起；另一方面，凝聚全社会对科学技术和科技创新规律的共识尚需时日，科研文化的形成更非一日之功。正如施一公先生在序言中所说，尽管赛先生进入中国已过百年，但国人对科学、对技术、尤其是科学文化等方面存在诸多的认知误区和差距，中国科研文化中的一些糟粕仍然在传播，对众多的年轻科技工作者、甚至一批批海归学者产生了负面影响。翻看过去这些年写的短评，虽为冷饭，余温犹存。在友人鼓励下，自己从中挑选了 80 篇，由人民出版社结集出版。

这 80 篇短评，除《难能可贵是低调》一篇未曾见报外，其余均在人民日报刊发。在集纳成书的过程中，只对个别字句和标题进行了修改。

本书原计划在 2019 年出版，为赛先生引入中国百年献一份薄礼。由于各种原因，推迟到今天才与读者见面。肆虐全球的新冠肺炎疫情，让人们既对科学技术的价值有了更切身的感受，也对科学技术的特点和创新规律有了更多了解。在实现中华民族伟大复兴的历史征程中，科技创新任重而道远，如果这本小册子能给读者朋友以些许启迪，我愿足矣。由于自己半路出家、才疏学浅，加上篇幅所限，谬误和不到之处，敬请读者朋友不吝指正。

最后，请允许我表达由衷的谢意——

感谢人民日报社的各位领导、我先后供职的教科文部、经济社会部，以及评论部、总编室的领导和同事。"好稿不厌百回改"，这些短评，凝聚着大家的厚爱和心血。

感谢我在工作中结识的师昌绪、韩启德、李国杰、周忠和、饶毅、王晓东、徐旭东，和俞德超、王印祥等科技界的前辈、老师，以及赵致真、李大庆、赵彦、张显峰、堵力、齐芳等媒体同仁。你们的言传身教、身体力行，不仅帮我这个门外汉登堂入室，也帮我提高了辨别是非的能力、增加了正视问题的勇气。

感谢施一公老师。您在高铁上奋笔疾书、热忱作序，如此支持、鼓励，怎能不铭记在心！

感谢人民出版社年轻的编辑刘敬文、王新明。你们不厌其烦、精益求精的工作态度和乐业精神，令人感念。

赵　永　新

2020 年春，北京月明轩

策　　划：刘敬文
责任编辑：王新明
封面设计：徐　晖

图书在版编目（CIP）数据

科技创新热点辨析/赵永新 著. —北京：人民出版社，2020.6
　（2020.11 重印）
ISBN 978－7－01－022090－1

Ⅰ.①科…　Ⅱ.①赵…　Ⅲ.①科技政策-研究-中国
　Ⅳ.①G322.0

中国版本图书馆 CIP 数据核字（2020）第 075087 号

科技创新热点辨析
KEJI CHUANGXIN REDIAN BIANXI

赵永新　著

人民出版社 出版发行
（100706　北京市东城区隆福寺街 99 号）

北京盛通印刷股份有限公司印刷　新华书店经销

2020 年 6 月第 1 版　2020 年 11 月北京第 2 次印刷
开本：880 毫米×1230 毫米 1/32　印张：8
字数：163 千字

ISBN 978－7－01－022090－1　定价：36.00 元

邮购地址 100706　北京市东城区隆福寺街 99 号
人民东方图书销售中心　电话（010）65250042　65289539